2021年
全国科技成果统计年度报告

科学技术部火炬高技术产业开发中心 编

科学技术文献出版社
SCIENTIFIC AND TECHNICAL DOCUMENTATION PRESS
·北京·

图书在版编目（CIP）数据

2021年全国科技成果统计年度报告/科学技术部火炬高技术产业开发中心编. — 北京：科学技术文献出版社，2022.12
ISBN 978-7-5189-9793-0

Ⅰ.①2… Ⅱ.①科… Ⅲ.①科技成果—研究报告—中国—2021 Ⅳ.① G322

中国版本图书馆 CIP 数据核字（2022）第 221183 号

2021 年全国科技成果统计年度报告

| 策划编辑：秦　源 | 责任编辑：巨娟梅　张瑶瑶 | 责任校对：王瑞瑞 | 责任出版：张志平 |

出 版 者	科学技术文献出版社	
地　　址	北京市复兴路15号　邮编 100038	
编 务 部	（010）58882938，58882087（传真）	
发 行 部	（010）58882868，58882870（传真）	
邮 购 部	（010）58882873	
官方网址	www.stdp.com.cn	
发 行 者	科学技术文献出版社发行　全国各地新华书店经销	
印 刷 者	北京时尚印佳彩色印刷有限公司	
版　　次	2022年12月第1版　2022年12月第1次印刷	
开　　本	889×1194　1/16	
字　　数	151千	
印　　张	7.5	
书　　号	ISBN 978-7-5189-9793-0	
定　　价	78.00元	

版权所有　违法必究

购买本社图书，凡字迹不清、缺页、倒页、脱页者，本社发行部负责调换

《2021年全国科技成果统计年度报告》编委会

主　　任：贾敬敦　吕先志

副 主 任：李有平　揭玉斌

成　　员：孙启新　吴昌权　张立红　陈　彦
　　　　　魏　颖　郭　曼　周　航　王博宇
　　　　　党　琳　韩方舟　刘千祥　殷　茵
　　　　　操霞玲　吴翠翠　焦　虹　朱　丹

编 写 组：孙启新　吴昌权　张立红　魏　颖
　　　　　王博宇　党　琳　韩方舟　殷　茵
　　　　　刘千祥　朱　丹

前　言

2021 年，全国科技成果统计工作涉及 31 个省(区、市)和新疆生产建设兵团、5 个计划单列市，以及 33 个国务院有关部门、行业协会与中央企业等，共登记科技成果 78655 项。

《2021 年全国科技成果统计年度报告》由科技成果总量、科技成果分类、科技成果区域分布、应用技术成果转化应用情况、科技成果完成单位及完成人，以及附录共 6 个部分构成。本报告重点对应用技术成果的资金支持方式和完成主体类型进行了分析。资金支持方式方面，分别对财政资金和非财政资金支持的应用技术成果的转化方式、转移途径、转化收入、应用效果、奖励和报酬情况、政府支持情况及本单位转化政策支持情况进行了分析；完成主体类型方面，分别对大专院校和独立科研机构、企业的应用技术成果应用状态、转化方式、研发人员状态、转移转化效益及技术转让与许可收入进行了分析。本报告力争从不同角度展示 2021 年度全国登记科技成果的特征和趋势，反映我国大专院校、独立科研机构、企业及其科研人员的科技创新成绩，以及科技成果转化应用情况，为科技管理决策提供支撑服务。

本报告在编写过程中得到了各地方、各部门科技管理机构的大力支持，在此表示衷心感谢！

编写组
二〇二二年十月

目 录

第一部分　科技成果总量

一、全国登记科技成果总量 ··· 3

二、地方登记科技成果总量 ··· 4

三、部门登记科技成果总量 ··· 5

四、知识产权产出 ··· 6

五、技术标准产出 ··· 7

第二部分　科技成果分类

一、类型分布 ·· 11

二、课题来源 ·· 12

　1. 总体情况 ··· 12

　2. 应用技术成果课题来源 ·· 12

　3. 基础理论成果课题来源 ·· 13

　4. 软科学成果课题来源 ··· 13

三、评价方式 ·· 15

　1. 总体情况 ··· 15

　2. 应用技术成果评价方式 ·· 16

　3. 基础理论成果评价方式 ·· 17

　4. 软科学成果评价方式 ··· 17

四、行业分布 ·· 18

　1. 总体情况 ··· 18

　2. 应用技术成果分布 ··· 18

　3. 基础理论成果分布 ··· 20

　4. 软科学成果分布 ·· 22

五、高新技术领域成果分布 ·· 24

第三部分　科技成果区域分布

一、总体区域分布 ··· 27

二、东部地区 ·· 28

　1. 成果来源构成 ·· 28

　2. 高新技术领域分布 ··· 29

　3. 应用技术成果转化应用状态 ·· 30

三、中部地区 ··· 32
　　1. 成果来源构成 ·· 32
　　2. 高新技术领域分布 ·· 33
　　3. 应用技术成果转化应用状态 ·· 34
四、西部地区 ··· 36
　　1. 成果来源构成 ·· 36
　　2. 高新技术领域分布 ·· 37
　　3. 应用技术成果转化应用状态 ·· 38
五、东北地区 ··· 39
　　1. 成果来源构成 ·· 39
　　2. 高新技术领域分布 ·· 40
　　3. 应用技术成果转化应用状态 ·· 41
六、长三角地区 ··· 42
　　1. 成果来源构成 ·· 42
　　2. 高新技术领域分布 ·· 43
　　3. 应用技术成果转化应用状态 ·· 44
七、京津冀地区 ··· 45
　　1. 成果来源构成 ·· 45
　　2. 高新技术领域分布 ·· 46
　　3. 应用技术成果转化应用状态 ·· 47
八、珠三角地区 ··· 48
　　1. 成果来源构成 ·· 48
　　2. 高新技术领域分布 ·· 49
　　3. 应用技术成果转化应用状态 ·· 50

第四部分　应用技术成果转化应用情况

一、应用技术成果总体情况 ··· 53
　　1. 产出形式 ·· 53
　　2. 所处阶段 ·· 54
　　3. 应用状态 ·· 54
　　4. 未应用或应用后停用影响因素 ·· 56
二、财政资助应用技术成果转移转化情况 ····································· 58
　　1. 转化方式 ·· 58
　　2. 转移途径 ·· 58
　　3. 转化收入 ·· 59
　　4. 应用效果 ·· 59

目 录

  5. 奖励和报酬情况 ··· 60
  6. 政府支持情况 ·· 60
  7. 本单位转化政策支持情况 ·· 61
三、非财政资助应用技术成果转移转化情况 ··· 62
  1. 转化方式 ··· 62
  2. 转移途径 ··· 62
  3. 转化收入 ··· 63
  4. 应用效果 ··· 63
  5. 奖励和报酬情况 ··· 64
  6. 政府支持情况 ·· 64
  7. 本单位转化政策支持情况 ·· 65
四、大专院校和独立科研机构应用技术成果转移转化情况 ······································ 66
  1. 应用状态 ··· 66
  2. 转化方式 ··· 66
  3. 研发人员状态 ·· 67
  4. 转移转化效益 ·· 67
  5. 技术转让与许可收入 ··· 68
五、企业应用技术成果转移转化情况 ··· 70
  1. 应用状态 ··· 70
  2. 转化方式 ··· 70
  3. 研发人员状态 ·· 71
  4. 转移转化效益 ·· 72
  5. 技术转让与许可收入 ··· 72

第五部分　科技成果完成单位及完成人

一、成果完成单位情况 ·· 77
  1. 单位构成 ··· 77
  2. 各类型成果完成单位应用技术成果行业分布 ·· 78
  3. 各类型成果完成单位应用技术成果高新技术领域分布 ··························· 79
二、成果完成人情况 ·· 80
  1. 年龄结构 ··· 81
  2. 学历构成 ··· 81
  3. 职称构成 ··· 82

第六部分 附 录

附表 1	2021年全国科技成果登记汇总 ……………………………………	85
附表 2	2021年全国登记应用技术成果汇总 …………………………………	88
附表 3	2020—2021年部门、行业协会、中央企业等登记科技成果统计 ………	91
附表 4	2020—2021年地方登记科技成果统计 ………………………………	93
附表 5	2020—2021年全国登记科技成果课题来源分布 ……………………	95
附表 6	2021年东、中、西部地区登记科技成果课题来源比例分布 …………	96
附表 7	2021年主要经济地带登记科技成果课题来源比例分布 ……………	97
附表 8	2020—2021年东、中、西部地区登记高新技术成果比例分布 …………	98
附表 9	2020—2021年主要经济地带登记高新技术成果比例分布 …………	99
附表 10	2020—2021年全国登记高新技术成果比例分布 ……………………	100
附表 11	2021年全国登记科技成果应用情况比例分布 ………………………	101
附表 12	2021年全国登记科技成果未应用或应用后停用影响因素比例分布 …	103
附表 13	2021年不同课题来源的科技成果应用情况比例分布 ………………	105
附表 14	2021年不同课题来源的科技成果未应用或应用后停用影响因素比例分布 ……………………………………………………………………	106
附表 15	2021年不同课题来源的科技成果转化方式比例分布 ………………	107
附表 16	2021年不同课题来源的科技成果技术转让情况 ……………………	108
统计说明	…………………………………………………………………………	109

第一部分

科技成果总量

2021年,全国科技成果登记工作稳步开展,全年登记科技成果总量持续增加。全国76家科技成果登记机构,覆盖国务院有关管理部门、地方科技管理部门、行业协会及中央企业,共登记科技成果78655项,涉及成果完成人527016人次,科技成果经费累计投入11154.35亿元。登记科技成果质量逐年提升,登记的科技成果共产出132034项知识产权,其中,已授权专利104641项,制定技术标准1026项。

一 全国登记科技成果总量

2021年,全国登记科技成果总量有所增长,全年共登记科技成果78655项,同比增长2.79%;基础理论成果和应用技术成果较上年均有不同程度的增长,软科学成果有所下降(表1-1)。

表1-1　2020—2021年全国登记科技成果数量

科技成果类型	登记数量(项)		增幅
	2020年	2021年	
基础理论成果	7678	8791	14.50%
应用技术成果	67108	68199	1.63%
软科学成果	1735	1665	-4.03%
合计	76521	78655	2.79%

2017—2021年,全国登记科技成果总量整体呈平稳上升态势,年均增幅为7.10%(图1-1)。

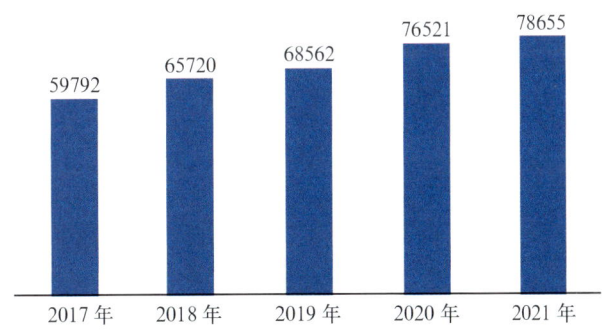

图1-1　2017—2021年全国登记科技成果情况(项)

二 地方登记科技成果总量

2021年，地方登记科技成果共70845项，占全国登记科技成果总量的90.07%，同比增长1.12%。安徽省、广西壮族自治区、浙江省等地方登记科技成果数量居各地前列(表1-2)。

表1-2 2021年地方登记科技成果数量排名

排名	地方	登记数量(项)	排名	地方	登记数量(项)
1	安徽省	17755	17	内蒙古自治区	1062
2	广西壮族自治区	7014	18	江苏省	930
3	浙江省	6434	19	湖南省	929
4	陕西省	3015	20	青海省	898
5	河南省	2992	21	上海市	849
6	山东省	2908	22	吉林省	657
7	河北省	2795	23	宁夏回族自治区	628
8	广东省	2546	24	云南省	598
9	四川省	2338	25	新疆维吾尔自治区	400
10	湖北省	2096	26	贵州省	199
11	天津市	1972	27	北京市	196
12	黑龙江省	1864	28	海南省	163
13	甘肃省	1618	29	福建省	156
14	重庆市	1485	30	新疆生产建设兵团	71
15	山西省	1320	31	西藏自治区	7
16	江西省	1218	32	辽宁省	6

注：未包括计划单列市、副省级城市数据。

2017—2021年，地方登记科技成果总量呈逐年增长趋势，2021年相比于2017年增长了44.72%(图1-2)。

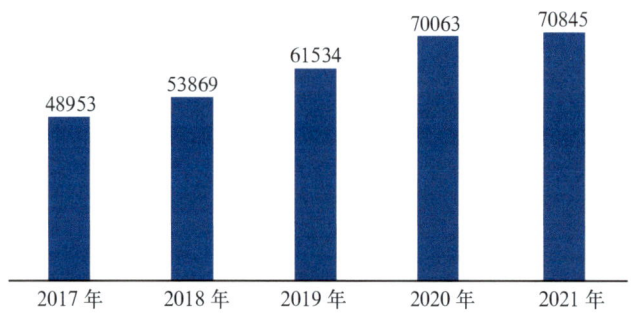

图1-2 2017—2021年地方登记科技成果情况(项)

部门登记科技成果总量

2021年,国务院有关部门、行业协会、中央企业登记科技成果数量为7810项(2020年为6458项),同比增长20.94%,占全国登记科技成果总量的9.93%。中国石油天然气集团公司、自然资源部、中国科学院等部门登记科技成果数量居各部门前列(表1-3)。

表1-3 2021年部门登记科技成果数量排名

排名	部门	登记数量(项)	排名	部门	登记数量(项)
1	中国石油天然气集团有限公司	1593	18	工业和信息化部	48
2	自然资源部	1152	19	中国中钢集团有限公司	44
3	中国科学院	970	20	水利部	43
4	中国气象局	784	21	中国节能协会	43
5	中国电机工程学会	477	22	中国中化控股有限责任公司	38
6	国家药品监督管理局	407	23	中国民用航空局	35
7	国家市场监督管理总局	299	24	中华全国供销合作总社	33
8	公安部	286	25	中国机械工业联合会	32
9	中国人民银行	263	26	农业农村部	25
10	中国有色金属工业协会	245	27	中国农学会	25
11	中国石油化工集团有限公司	199	28	中国地震局	22
12	中国轻工业联合会	195	29	国家粮食和物资储备局	15
13	国家中医药管理局	164	30	中华环保联合会	14
14	中国建筑集团有限公司	134	31	中国光学工程学会	7
15	应急管理部	72	32	生态环境部	3
16	交通运输部	59	33	亚太建设科技信息研究院	1
17	国家烟草专卖局	57			

2017—2021年,部门登记科技成果总量有所波动,继2019年、2020年下降后2021年出现回升(图1-3)。

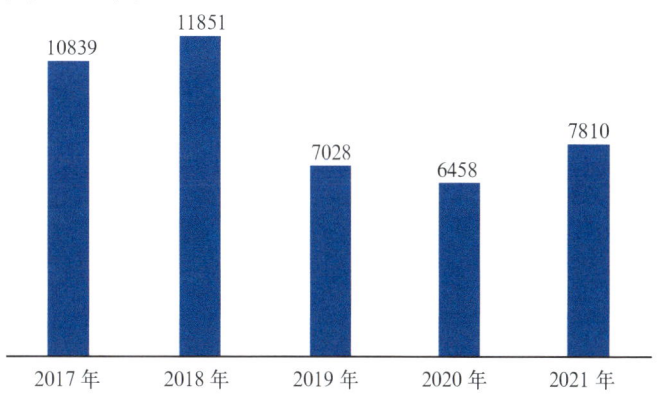

图1-3 2017—2021年部门登记科技成果情况(项)

四 知识产权产出

全国登记科技成果质量逐年提升。2021年,78655项登记科技成果共产出知识产权132034项,同比增长9.67%。其中,已授权专利104641项,同比增长4.18%(表1-4)。

表1-4 2020—2021年全国登记科技成果知识产权产出情况

知识产权类型	数量(项)		
	2020年	2021年	增幅
发明专利	59257	62966	6.26%
实用新型专利	40201	45275	12.62%
外观设计专利	1771	1848	4.35%
软件著作权	10401	12488	20.07%
其他	8757	9457	7.99%
合计	120387	132034	9.67%
其中:已授权专利	100446	104641	4.18%

从知识产权类型看,发明专利和实用新型专利为主要类型,2021年分别占知识产权产出总量的47.69%和34.29%(图1-4)。软件著作权数量显著增加,同比增长20.07%。

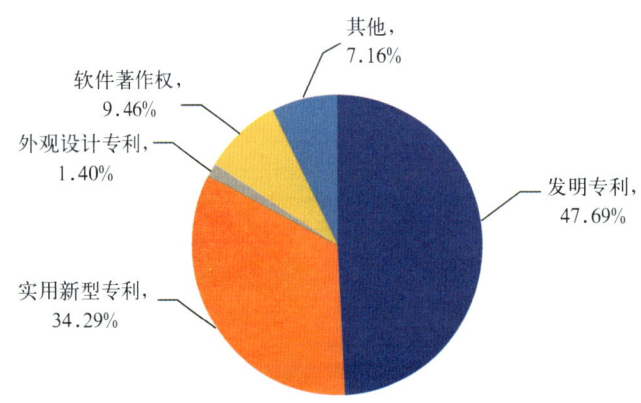

图1-4 2021年全国登记科技成果知识产权产出类型分布

五 技术标准产出

技术标准的构成保持稳定。2021年,全国登记的68199项应用技术成果中,共制定技术标准1026项,较上年略有增加,技术标准的构成比例较上年有所不同,但结构整体稳定。其中,地方技术标准最为突出,占比44.93%;国家技术标准占比21.44%;国际技术标准占比最低,为1.07%(图1-5)。

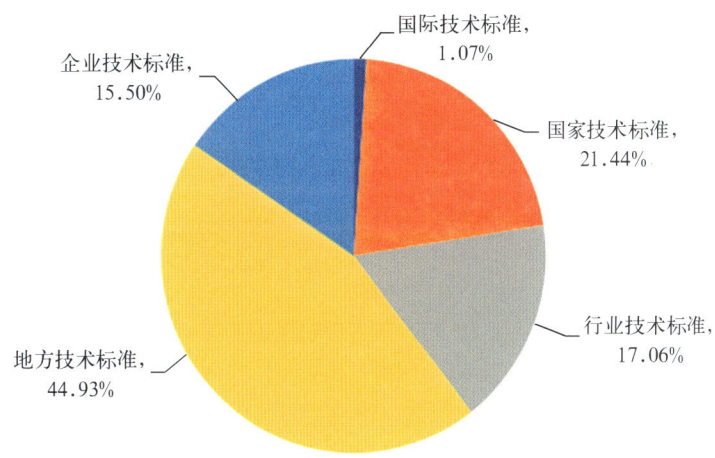

图1-5 2021年全国登记应用技术成果技术标准产出类型分布

第二部分

科技成果分类

一 类型分布

全国登记科技成果类型分布较为稳定。2021年,共登记应用技术成果68199项,占全国登记科技成果总量的86.71%;登记基础理论成果8791项,占全国登记科技成果总量的11.18%;登记软科学成果1665项,占全国登记科技成果总量的2.12%(图2-1)。

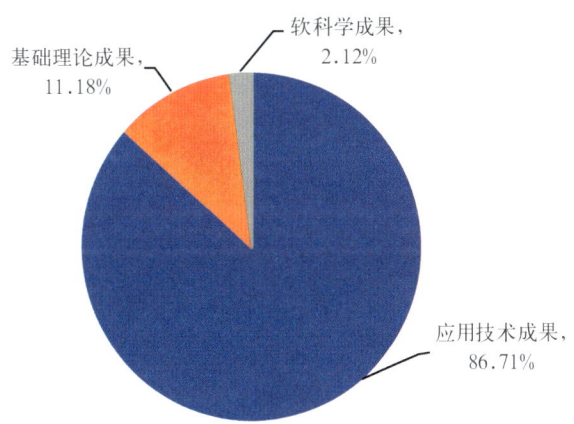

图2-1 2021年全国登记科技成果类型分布

2 课题来源

1. 总体情况

2021年,全国登记科技成果的课题来源以非财政支持为主。各类科技成果中,来自国家科技计划、部门计划、地方计划、部门基金及地方基金等财政支持的科技成果33324项,占全国登记科技成果总量的42.37%;来自民间基金、国际合作、横向委托、自选及其他非财政支持的科技成果45331项,占比57.63%,明显高于来自财政支持的科技成果数量。

2021年,自选课题的登记科技成果数量居首位。各类科技成果课题来源中,自选课题登记科技成果数量远高于其他课题来源,占全国登记科技成果总量的48.32%;其次为地方计划,登记数量占全国登记科技成果总量的23.45%;国家科技计划和部门计划占比分别为7.66%和6.78%(图2-2)。

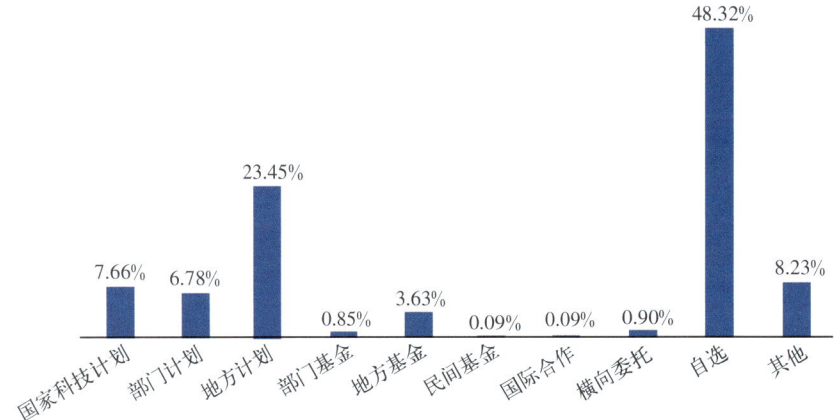

图 2-2　2021年全国登记科技成果课题来源构成

2. 应用技术成果课题来源

2021年,全国登记应用技术成果主要来自自选课题。全国登记应用技术成果来自自选课题的比例为56.22%;地方计划占比为22.21%;国家科技计划、部门计划分别占4.59%和4.24%(图2-3)。

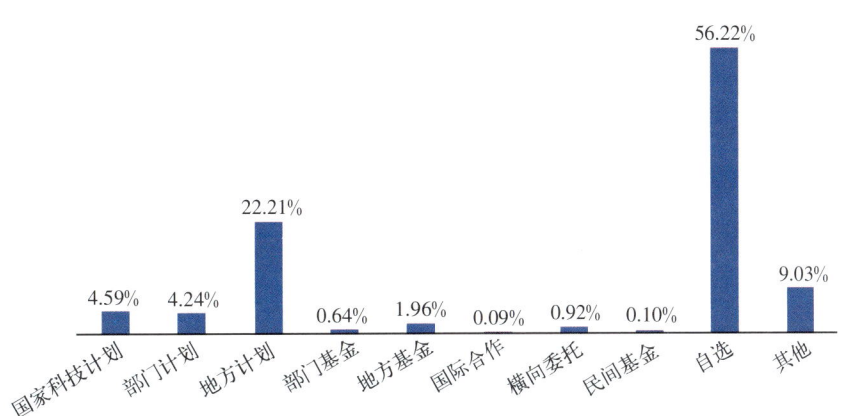

图 2-3　2021 年全国登记应用技术成果课题来源构成

3.基础理论成果课题来源

2021 年,全国登记基础理论成果的课题来源仍以各类计划(包括国家科技计划、部门计划和地方计划)为主,占比总和达到 69.65%。其中,来自国家科技计划的科技成果占比达到 32.21%,来自地方计划的科技成果占比达到 34.23%(图 2-4)。

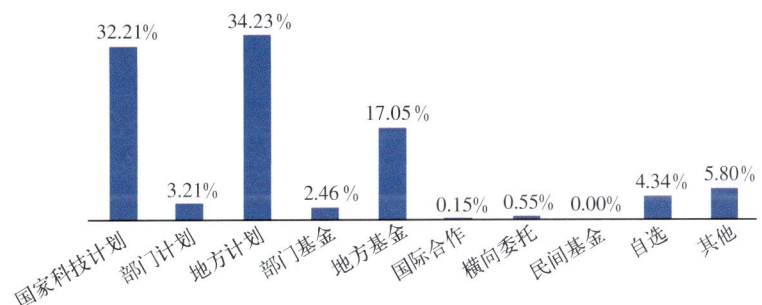

图 2-4　2021 年全国登记基础理论成果课题来源构成

4.软科学成果课题来源

2021 年,从各个地方和部门上报到国家科技成果库的软科学成果统计看,来自各类计划(包括国家科技计划、部门计划和地方计划)的科技成果合计占全国登记软科学成果总量的 62.57%,较上年有所减少。来自地方资助(地方计划和地方基金)的科技成果占 54.45%;来自部门资助(部门计划和部门基金)的科技成果占 13.68%(图 2-5)。

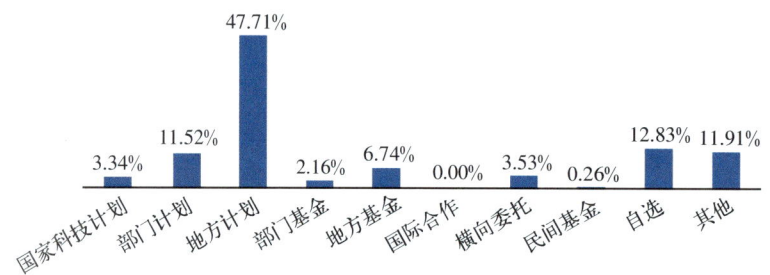

图 2-5　2021 年全国登记软科学成果课题来源构成

第二部分 科技成果分类

2 评价方式

1.总体情况

2021年，全国登记科技成果评价方式以验收和机构评价为主。以验收方式完成的科技成果占比为34.46%；以机构评价方式完成的科技成果占比达到28.38%；以知识产权授权方式完成的科技成果数量为12662项，较上年明显增加，占比达到16.10%，增幅达到27.54%（图2-6，表2-1）。

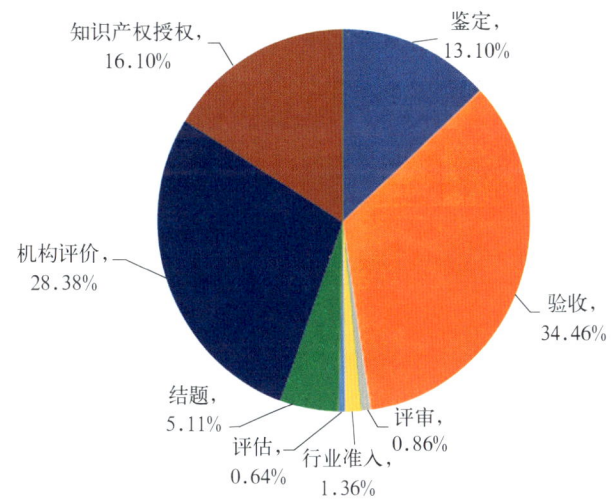

图2-6　2021年全国登记科技成果评价方式分布

表2-1　2020—2021年全国登记科技成果评价方式统计情况

科技成果评价方式	成果数（项）		增幅
	2020年	2021年	
鉴定	9200	10300	11.96%
验收	25438	27107	6.56%
评审	616	674	9.42%
行业准入	1152	1069	−7.20%
评估	810	501	−38.15%
结题	3656	4017	9.87%
机构评价	25721	22325	−13.20%
知识产权授权	9928	12662	27.54%

注：知识产权授权是指依法获得专利权、软件著作权、植物新品种登记、集成电路布图设计等知识产权。

2017—2021年，全国登记科技成果评价方式构成发生重大转变，机构评价逐渐成为主流方式。2021年，通过验收方式登记的科技成果占比最大，达到34.46%；通过机构评价方式登记的科技成果占比从2017年的23.63%增长到28.38%；通过知识产权授权方式登记的科技成果占比增长到16.10%。由于鉴定工作逐步取消，通过鉴定方式登记的科技成果占比从2017年的23.71%降至2021年的13.10%（图2-7）。

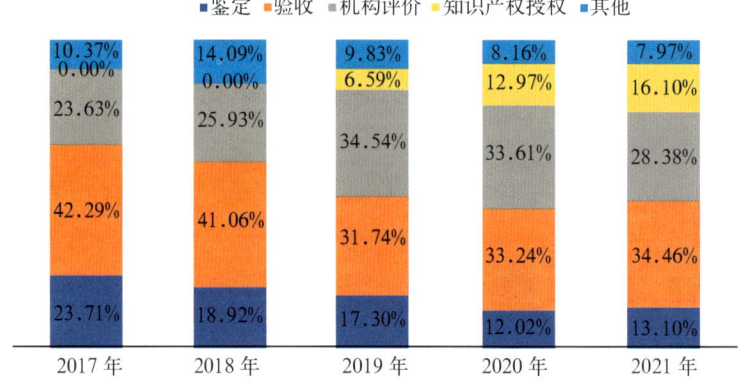

图2-7　2017—2021年全国登记科技成果评价方式构成

2.应用技术成果评价方式

2021年，全国登记应用技术成果以机构评价、验收为主要评价方式，占比分别为33.06%和29.75%。知识产权授权方式占比为19.19%，较上年增加了3.48个百分点；鉴定方式占比为15.62%，较上年增加了1.38个百分点（图2-8）。

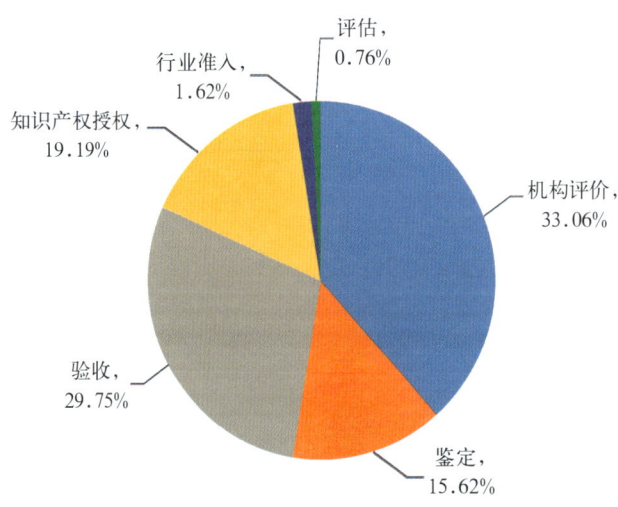

图2-8　2021年全国登记应用技术成果评价方式分布

3. 基础理论成果评价方式

2021年,结题、验收为全国登记基础理论成果的主要评价方式。验收方式占比为46.41%,较上年增加了3.51个百分点;结题方式占比为43.79%;评审方式和机构评价方式所占比例偏低,分别为5.15%和4.66%(图2-9)。

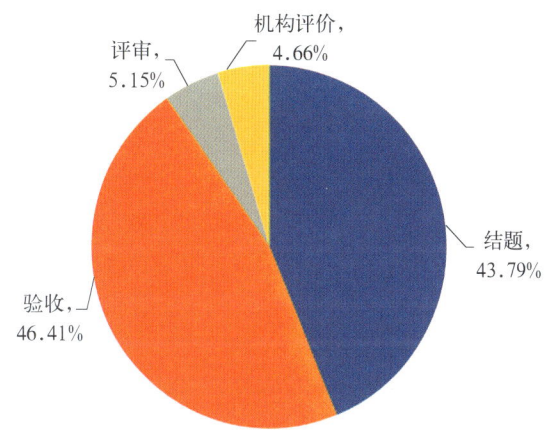

图2-9　2021年全国登记基础理论成果评价方式分布

4. 软科学成果评价方式

2021年,全国登记软科学成果评价方式以验收为主,占比为60.90%,较上年减少了4.07个百分点。其次为结题方式和评审方式,占比分别为15.71%和14.91%,结题方式占比较上年增加了3.55个百分点,评审方式占比较上年减少了0.64个百分点(图2-10)。

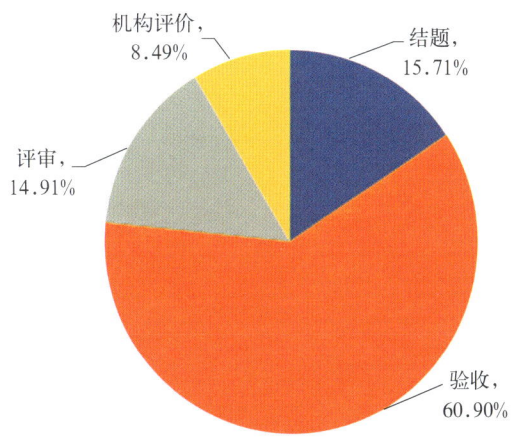

图2-10　2021年全国登记软科学成果评价方式分布

四 行业分布

1.总体情况

2021年,地方登记科技成果主要应用于第二产业。按应用产业分类统计,第一产业(农、林、牧、渔业)占15.27%;第二产业(采矿业,制造业,电力、热力、燃气及水的生产和供应业,建筑业)占49.99%;第三产业(除第一、第二产业外的其他行业)的占比达到34.74%(图2-11)。

2021年,部门登记科技成果主要应用于第三产业,占比为71.97%(图2-11)。

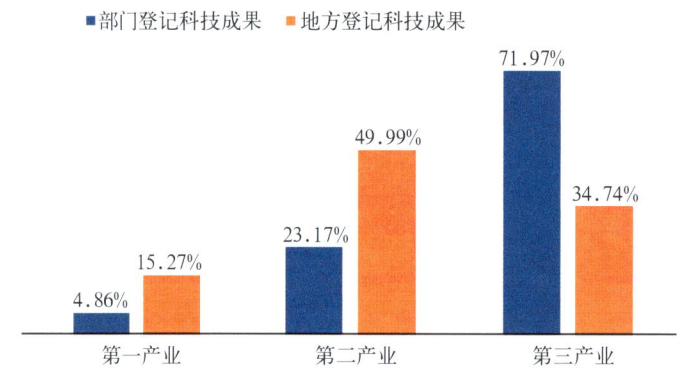

图2-11 2021年部门和地方登记科技成果所属产业分布

2.应用技术成果分布

从应用技术成果的行业分布看,2021年全国登记应用技术成果主要集中在制造业,农、林、牧、渔业,卫生和社会工作3个行业,占比分别为37.71%、14.34%和11.54%(表2-2)。

第二部分 科技成果分类

表 2-2 2021 年全国登记应用技术成果行业分布

应用行业	成果数(项)	占比
农、林、牧、渔业	9783	14.34%
采矿业	1391	2.04%
制造业	25719	37.71%
电力、热力、燃气及水的生产和供应业	2457	3.60%
建筑业	2899	4.25%
批发和零售业	242	0.35%
交通运输、仓储和邮政业	1770	2.60%
住宿和餐饮业	112	0.16%
信息传输、软件和信息技术服务业	6037	8.85%
金融业	277	0.41%
房地产业	95	0.14%
租赁和商务服务业	78	0.11%
科学研究和技术服务业	5968	8.75%
水利、环境和公共设施管理业	2036	2.99%
居民服务、修理和其他服务业	337	0.49%
教育	260	0.38%
卫生和社会工作	7869	11.54%
文化、体育和娱乐业	257	0.38%
公共管理、社会保障和社会组织	609	0.89%
国际组织	3	0.00%
合计	68199	100.00%

从应用技术成果的产业分布看,2021 年第一产业有 9783 项,约占 14.34%;第二产业有 32466 项,占 47.60%;第三产业有 25950 项,占 38.05%(图 2-12)。

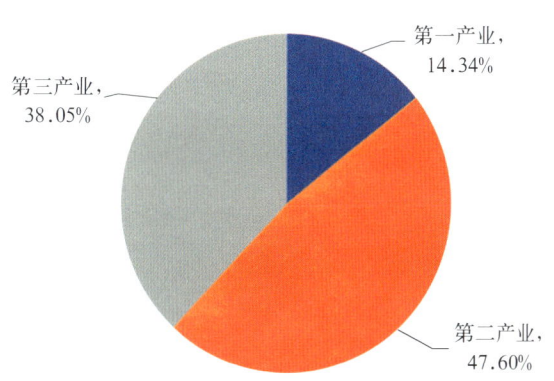

图 2-12 2021 年全国登记应用技术成果产业分布

从应用技术成果的社会领域和经济领域分布看,2021年地方登记应用技术成果在社会领域和经济领域的占比分别为21.94%和78.06%,明显聚焦在经济领域,且所占比例与2020年基本相同(图2-13)。

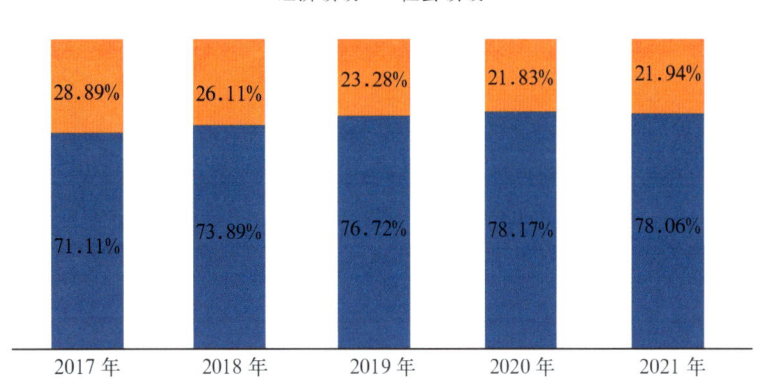

图2-13　2017—2021年地方登记应用技术成果社会、经济领域分布

3.基础理论成果分布

2021年,登记到国家科技成果库的基础理论成果主要应用于卫生和社会工作,科学研究和技术服务业,农、林、牧、渔业3个行业,占比分别为35.51%、30.04%和14.30%(表2-3)。

按产业分布进行统计,2021年基础理论成果主要分布在第三产业,占比为77.00%;第二产业占比较低,仅为8.70%(图2-14)。

第二部分　科技成果分类

表 2-3　2021 年基础理论成果行业分布

应用行业	成果数（项）	占比
农、林、牧、渔业	1213	14.30%
采矿业	155	1.83%
制造业	339	4.00%
电力、热力、燃气及水的生产和供应业	117	1.38%
建筑业	127	1.50%
批发和零售业	11	0.13%
交通运输、仓储和邮政业	82	0.97%
住宿和餐饮业	4	0.05%
信息传输、软件和信息技术服务业	396	4.67%
金融业	12	0.14%
房地产业	1	0.01%
租赁和商务服务业	1	0.01%
科学研究和技术服务业	2548	30.04%
水利、环境和公共设施管理业	257	3.03%
居民服务、修理和其他服务业	8	0.09%
教育	121	1.43%
卫生和社会工作	3012	35.51%
文化、体育和娱乐业	24	0.28%
公共管理、社会保障和社会组织	48	0.57%
国际组织	6	0.07%
合计	8482	100.00%

注：数据来源于 2021 年度登记到国家科技成果库的基础理论成果。

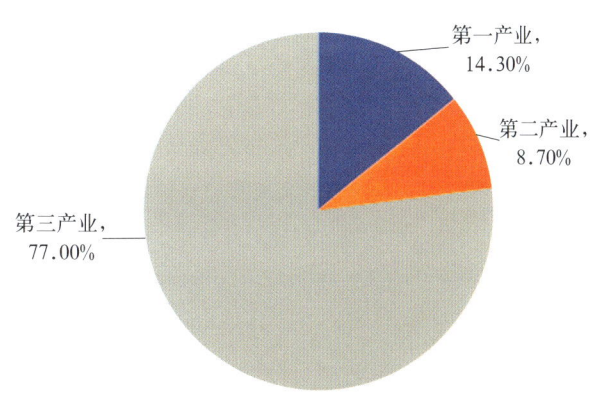

图 2-14　2021 年基础理论成果产业分布

4. 软科学成果分布

2021年，登记到国家科技成果库的软科学成果主要应用于科学研究和技术服务业，卫生和社会工作，公共管理、社会保障和社会组织3个行业，占比分别为29.84%、14.33%和12.17%（表2-4）。

表2-4 2021年软科学成果行业分布

应用行业	成果数（项）	占比
农、林、牧、渔业	120	7.85%
采矿业	61	3.99%
制造业	63	4.12%
电力、热力、燃气及水的生产和供应业	24	1.57%
建筑业	39	2.55%
批发和零售业	6	0.39%
交通运输、仓储和邮政业	47	3.08%
住宿和餐饮业	1	0.07%
信息传输、软件和信息技术服务业	59	3.86%
金融业	40	2.62%
房地产业	1	0.07%
租赁和商务服务业	2	0.13%
科学研究和技术服务业	456	29.84%
水利、环境和公共设施管理业	82	5.37%
居民服务、修理和其他服务业	3	0.20%
教育	70	4.58%
卫生和社会工作	219	14.33%
文化、体育和娱乐业	49	3.21%
公共管理、社会保障和社会组织	186	12.17%
国际组织	0	0.00%
合计	1528	100.00%

注：数据来源于2021年度登记到国家科技成果库的软科学成果。

按产业分布进行统计,2021年软科学成果主要分布在第三产业,占比为79.91%;第一产业和第二产业占比分别为7.85%和12.24%(图2-15)。

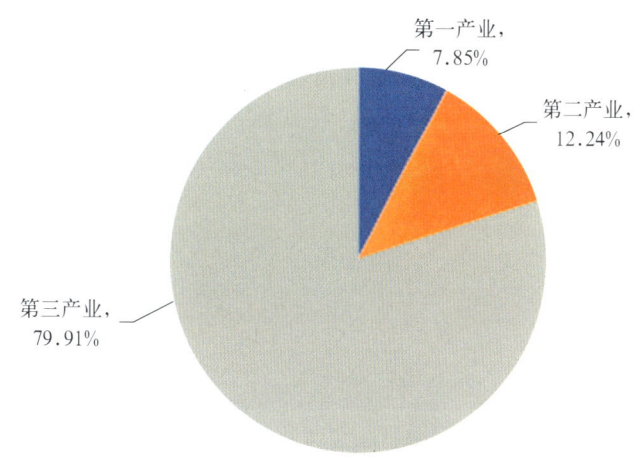

图2-15　2021年软科学成果产业分布

五 高新技术领域成果分布

2021年,全国登记应用技术成果中,高新技术领域应用技术成果达到44333项,占应用技术成果总量的65.01%。应用技术成果主要分布在五大高新技术领域,依次是先进制造(24.97%)、电子信息(17.85%)、现代农业(14.36%)、生物医药与医疗器械(13.71%)和新材料(13.38%)。五大领域应用技术成果占高新技术领域应用技术成果总量的84.27%(图2-16)。

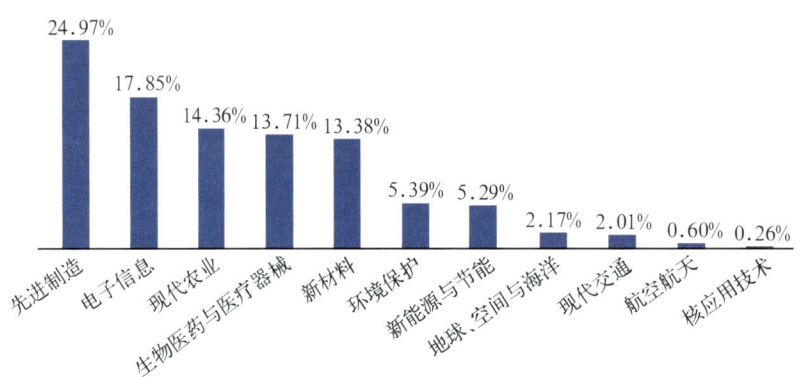

图2-16 2021年全国登记应用技术成果高新技术领域分布

2021年,全国登记高新技术成果中,自然、生态、环境领域的应用技术成果占26.56%;非自然、生态、环境领域的应用技术成果占73.44%,与上年相比呈上升趋势(附表10)。

第三部分

科技成果区域分布

第三部分　科技成果区域分布

一 总体区域分布

按东、中、西部地区划分，西部地区登记的科技成果数量进一步增长，反映出地方科技成果登记中的区域差异。2021年，西部地区登记科技成果19630项，同比增长8.45%，占地方登记科技成果总量的27.71%；中部地区登记科技成果28970项，占地方登记科技成果总量的40.89%；东部地区科技成果产出较上年小幅下降，登记科技成果22245项，同比减少2.31%，占地方登记科技成果总量的31.40%（表3-1、图3-1）。

表3-1　2020—2021年地方登记科技成果地区分布

地区	成果数（项）		增幅
	2020年	2021年	
东部地区	22770	22245	-2.31%
中部地区	29192	28970	-0.76%
西部地区	18101	19630	8.45%

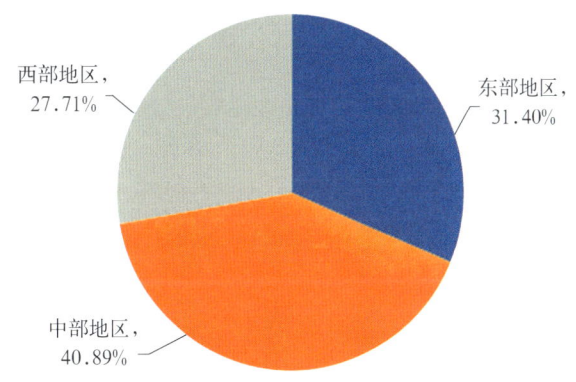

图3-1　2021年地方登记科技成果地区分布

按主要经济地带划分，东北地区和长三角地区实现登记科技成果数量的增长。2021年，东北地区登记科技成果2846项，同比增长33.80%；长三角地区登记科技成果9249项，同比增长10.90%；京津冀地区和珠三角地区出现下降（表3-2）。

表3-2　2020—2021年地方登记科技成果主要经济地带分布

主要经济地带	成果数（项）		增幅
	2020年	2021年	
京津冀地区	6145	4963	-19.24%
长三角地区	8340	9249	10.90%
珠三角地区	4480	3702	-17.37%
东北地区	2127	2846	33.80%

二 东部地区

2021年，东部地区参与登记的地方共有18个，登记科技成果22245项。其中，登记科技成果数量排名前三的分别是浙江省、山东省和河北省，登记科技成果分别为6434项、2908项和2795项。

1. 成果来源构成

2021年，东部地区登记的科技成果中，课题来源仍以各级财政支持的各类计划（包括国家科技计划、部门计划和地方计划）为主，占比为53.59%。其中，由地方计划资助的科技成果登记数量占东部地区登记科技成果总量的38.80%，远高于国家科技计划和部门计划资助的科技成果占比。部门基金和横向委托资助的科技成果登记数量明显减少，减幅分别为20.32%和25.78%（表3-3、图3-2）。

表3-3 2020—2021年东部地区登记科技成果课题来源

课题来源	成果数（项）		
	2020年	2021年	增幅
国家科技计划	1727	1907	10.42%
部门计划	1405	1383	-1.57%
地方计划	8708	8631	-0.88%
部门基金	310	247	-20.32%
地方基金	1002	1150	14.77%
民间基金	15	17	13.33%
国际合作	26	26	0.00%
横向委托	287	213	-25.78%
自选	5711	5370	-5.97%
其他	3579	3301	-7.77%
合计	22770	22245	-2.31%

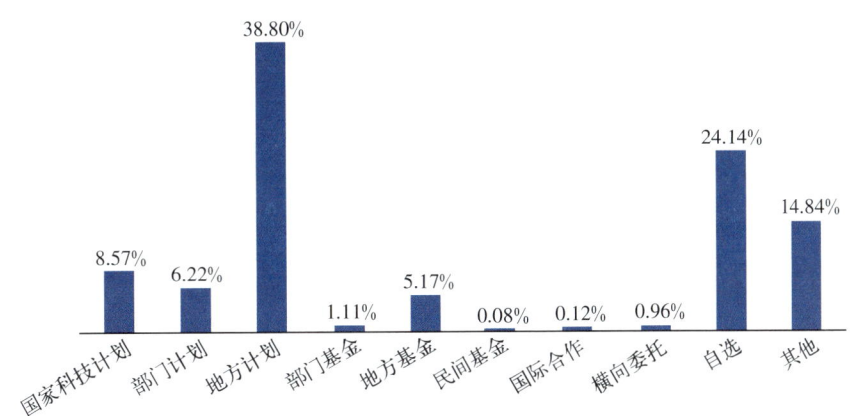

图 3-2　2021 年东部地区登记科技成果课题来源构成

2.高新技术领域分布

2021 年,东部地区共登记高新技术领域科技成果 13858 项,同比增长 6.43%(表 3-4)。

表 3-4　2020—2021 年东部地区登记高新技术领域科技成果数量

高新技术领域		成果数(项)		
		2020 年	2021 年	增幅
自然、生态、环境领域	生物医药与医疗器械	2257	2271	0.62%
	新能源与节能	877	866	−1.25%
	环境保护	838	791	−5.61%
	地球、空间与海洋	379	400	5.54%
非自然、生态、环境领域	电子信息	1603	1479	−7.74%
	先进制造	2906	3589	23.50%
	航空航天	66	43	−34.85%
	现代交通	374	316	−15.51%
	新材料	2206	2620	18.77%
	核应用技术	24	29	20.83%
	现代农业	1491	1454	−2.48%
合计		13021	13858	6.43%

2021 年,从技术领域分布看,东部地区以先进制造领域登记科技成果数量最多,占比 25.90%;其次是新材料领域和生物医药与医疗器械领域,登记科技成果数量占比分别为 18.91% 和 16.39%(图 3-3)。

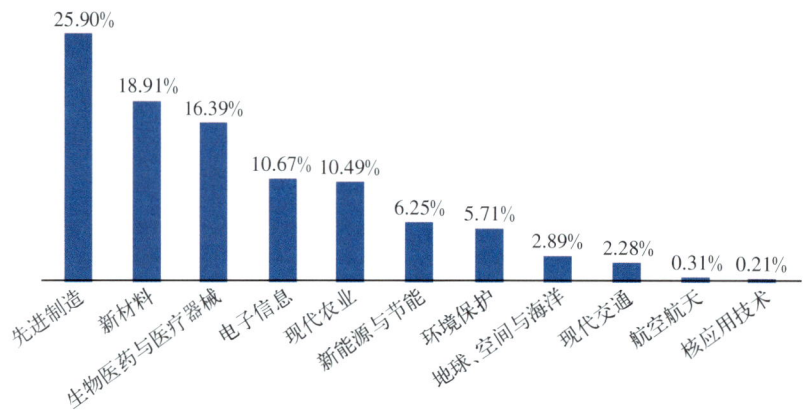

图 3-3 2021 年东部地区登记科技成果高新技术领域分布

2021 年,东部地区登记的高新技术成果中,非自然、生态、环境领域科技成果占比为 68.77%,较上年增长 2.19 个百分点(附表 8)。

3. 应用技术成果转化应用状态

2021 年,东部地区登记的应用技术成果中,产业化应用的占比最高,为 54.51%,小批量或小范围应用的占比为 29.81%,试用的占比为 10.00%,未应用的占比为 5.49%(图 3-4)。

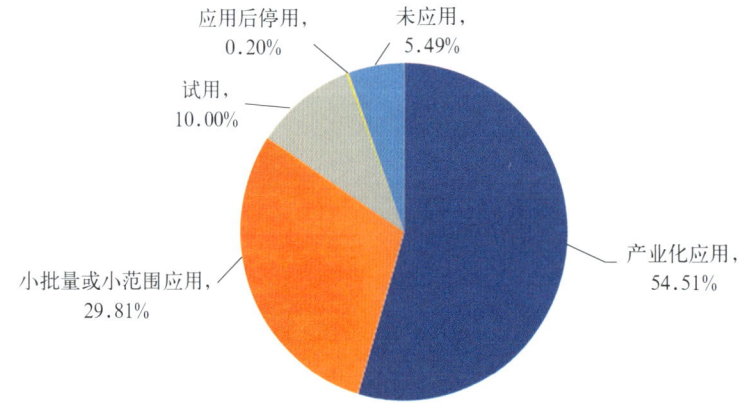

图 3-4 2021 年东部地区登记应用技术成果应用状态

通过对东部地区登记应用技术成果的应用效果抽样分析,2021年16323项科技成果中,替代落后技术、工艺、装备的占比为38.98%,较上年增长了4.20个百分点;填补国内空白的占比为26.91%;替代进口的占比仅为8.07%(图3-5)。

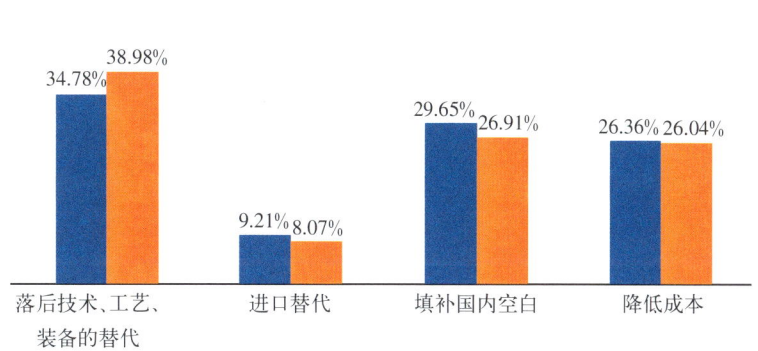

图3-5　2020—2021年东部地区登记应用技术成果应用效果

二 中部地区

2021年，中部地区参与登记的地方共有10个，登记科技成果28970项。其中，登记科技成果数量排名前三的分别是安徽省、河南省和湖北省，分别为17755项、2992项和2096项。

1. 成果来源构成

2021年，中部地区登记的科技成果课题来源以自选课题为主，登记数量为21978项，占比高达75.86%；财政支持的各类计划（包括国家科技计划、部门计划和地方计划）资助的科技成果登记数量共4279项，占比为14.77%，其中，地方计划资助的科技成果登记数量为2758项，占比为9.52%，居第2位；部门基金、地方基金、民间基金、国际合作、横向委托和其他课题来源资助的科技成果登记数量为2713项，仅占9.36%，其中，由民间基金资助的科技成果登记数量明显增加，增幅为350.00%（表3-5、图3-6）。

表3-5　2020—2021年中部地区登记科技成果课题来源

课题来源	成果数（项）		
	2020年	2021年	增幅
国家科技计划	714	976	36.69%
部门计划	514	545	6.03%
地方计划	3094	2758	−10.86%
部门基金	107	165	54.21%
地方基金	366	865	136.34%
民间基金	8	36	350.00%
国际合作	12	21	75.00%
横向委托	141	169	19.86%
自选	22919	21978	−4.11%
其他	1317	1457	10.63%
合计	29192	28970	−0.76%

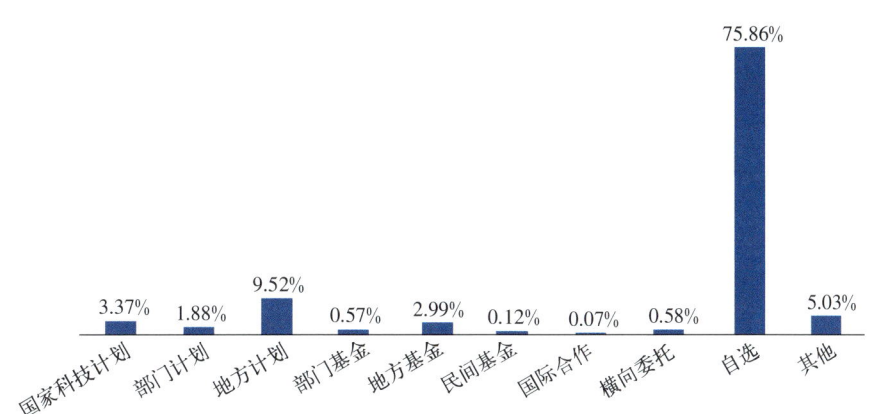

图 3-6　2021 年中部地区登记科技成果课题来源构成

2.高新技术领域分布

2021年，中部地区共登记高新技术领域科技成果16828项，同比减少6.88%。从技术领域分布看，中部地区仍以先进制造领域登记科技成果数量最多，同比减少10.12%，占比为33.15%；其次是电子信息领域，登记科技成果数量同比减少4.23%，占比为18.82%（表3-6、图3-7）。

表 3-6　2020—2021 年中部地区登记高新技术领域科技成果数量

高新技术领域		成果数（项）		
		2020 年	2021 年	增幅
自然、生态、环境领域	生物医药与医疗器械	1664	1850	11.18%
	新能源与节能	873	656	−24.86%
	环境保护	859	713	−17.00%
	地球、空间与海洋	151	138	−8.61%
非自然、生态、环境领域	电子信息	3307	3167	−4.23%
	先进制造	6206	5578	−10.12%
	航空航天	105	115	9.52%
	现代交通	382	289	−24.35%
	新材料	2539	2334	−8.07%
	核应用技术	15	13	−13.33%
	现代农业	1970	1975	0.25%
合计		18071	16828	−6.88%

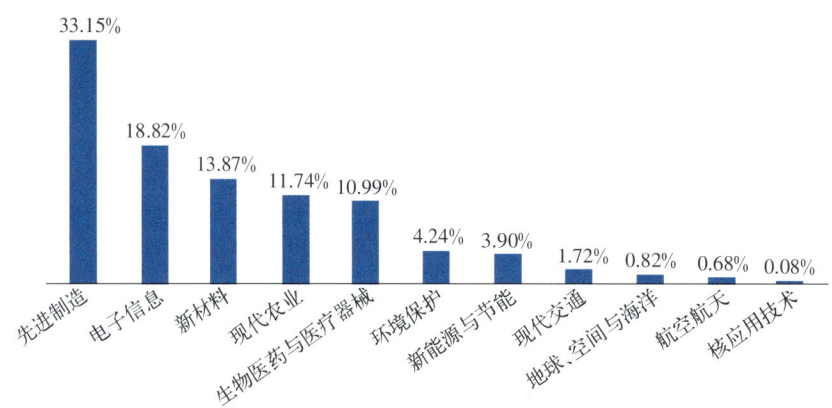

图 3-7　2021 年中部地区登记科技成果高新技术领域分布

2021年,中部地区登记的高新技术成果中,非自然、生态、环境领域科技成果占比为80.05%,比上年减少0.32个百分点(附表8)。

3.应用技术成果转化应用状态

2021年,中部地区登记的应用技术成果中,产业化应用的占比为40.38%,小批量或小范围应用的占比为33.76%,未应用的占比为15.59%,试用的占比为10.02%(图3-8)。

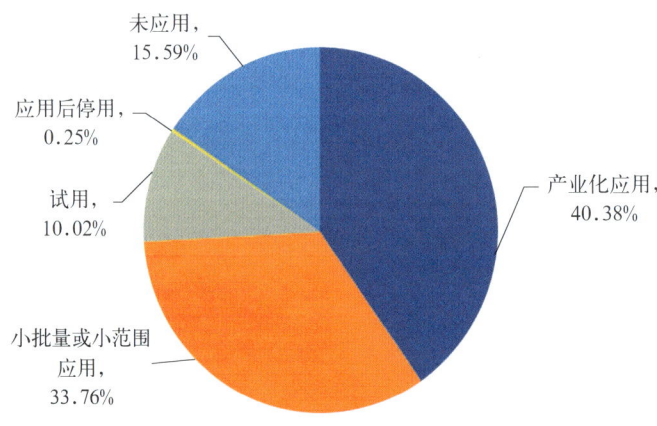

图 3-8　2021 年中部地区登记应用技术成果应用状态

通过对中部地区登记应用技术成果的应用效果抽样分析,2021年20824项科技成果中,替代落后技术、工艺、装备的占比为64.56%,较上年减少0.97个百分点(图3-9)。

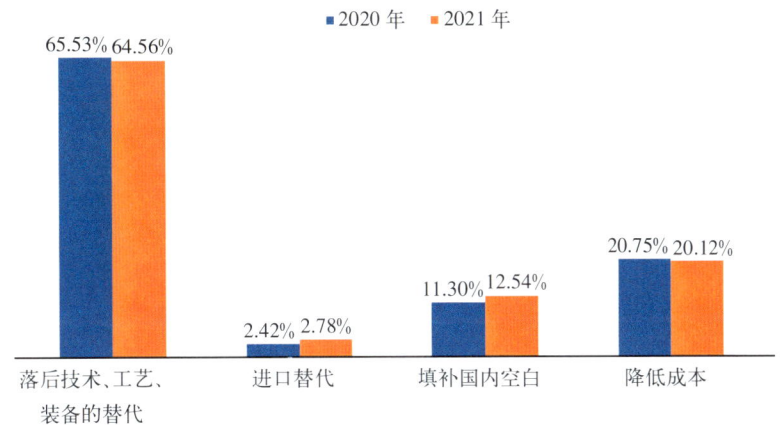

图3-9　2020—2021年中部地区登记应用技术成果应用效果

四 西部地区

2021年,西部地区参与登记的地方共有14个,登记科技成果19630项。其中,登记科技成果数量排名前三的分别是广西壮族自治区、陕西省和四川省,分别为7014项、3015项和2338项。

1. 成果来源构成

2021年,西部地区登记的科技成果课题来源中自选课题居首位,登记数量为9345项,占比为47.61%,同比增长3.24%。财政支持的各类计划(包括国家科技计划、部门计划和地方计划)资助的科技成果登记数量约占四成,其中,地方计划资助的科技成果登记数量为6419项,占比为32.70%,同比增长15.41%(表3-7、图3-10)。

表3-7 2020—2021年西部地区登记科技成果课题来源

课题来源	成果数(项)		
	2020年	2021年	增幅
国家科技计划	1406	1569	11.59%
部门计划	550	551	0.18%
地方计划	5562	6419	15.41%
部门基金	107	119	11.21%
地方基金	627	618	−1.44%
民间基金	14	13	−7.14%
国际合作	22	13	−40.91%
横向委托	124	114	−8.06%
自选	9052	9345	3.24%
其他	637	869	36.42%
合计	18101	19630	8.45%

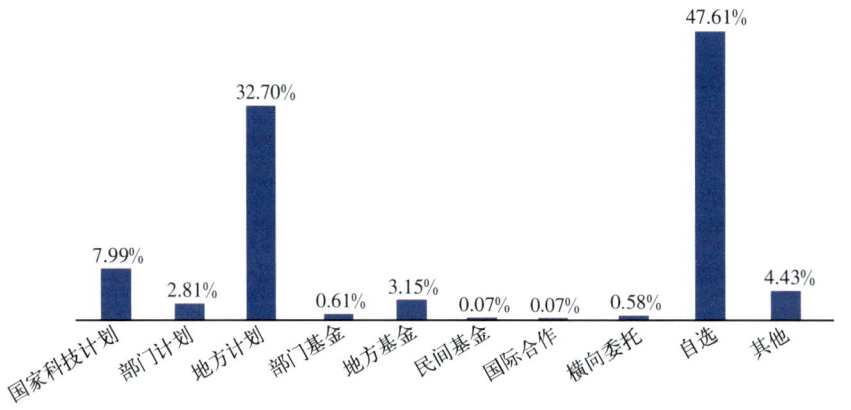

图3-10 2021年西部地区登记科技成果课题来源构成

2. 高新技术领域分布

2021年,西部地区共登记高新技术领域科技成果11503项,同比增长15.77%。各类高新技术领域登记的科技成果数量较上一年有增有减。其中,核应用技术领域登记科技成果数量增幅居首位,同比增长71.43%。从技术领域分布看,现代农业领域登记科技成果数量最多,为2818项,占比为24.50%;电子信息领域和生物医药与医疗器械领域登记科技成果数量居第2位和第3位,占比分别为23.57%和15.03%(表3-8、图3-11)。

表3-8 2020—2021年西部地区登记高新技术领域科技成果数量

高新技术领域		成果数(项)		
		2020年	2021年	增幅
自然、生态、环境领域	生物医药与医疗器械	1404	1729	23.15%
	新能源与节能	593	544	-8.26%
	环境保护	514	692	34.63%
	地球、空间与海洋	171	164	-4.09%
非自然、生态、环境领域	电子信息	2099	2711	29.16%
	先进制造	1528	1647	7.79%
	航空航天	193	92	-52.53%
	现代交通	186	226	21.51%
	新材料	862	832	-3.48%
	核应用技术	28	48	71.43%
	现代农业	2358	2818	19.51%
合计		9936	11503	15.77%

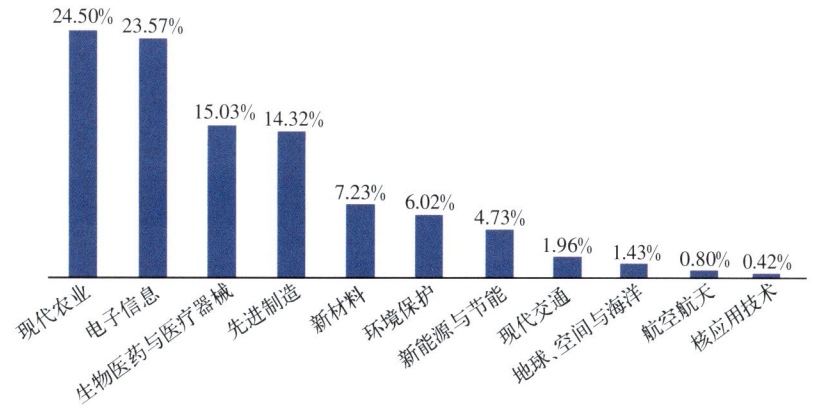

图3-11 2021年西部地区登记科技成果高新技术领域分布

2021年,西部地区登记的高新技术成果中,非自然、生态、环境领域科技成果占比为72.80%,较上年减少0.21个百分点(附表8)。

3. 应用技术成果转化应用状态

2021年,西部地区登记的应用技术成果中,小批量或小范围应用的占比最高,为42.18%,产业化应用的占比为31.75%,试用的占比为13.67%,未应用的占比为12.32%(图3-12)。

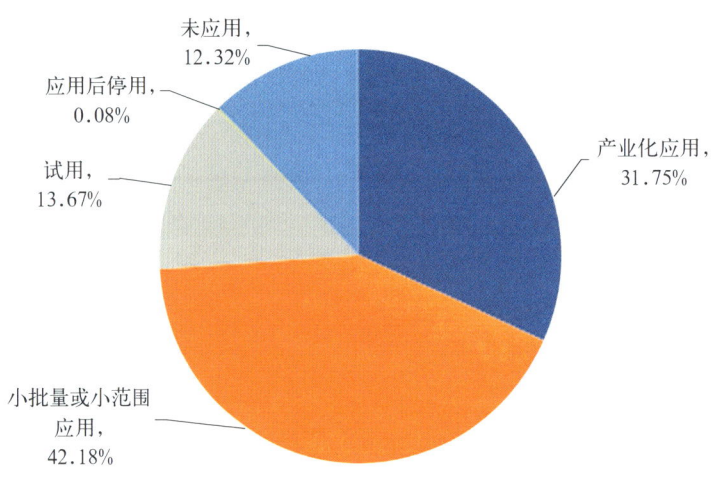

图3-12　2021年西部地区登记应用技术成果应用状态

通过对西部地区登记应用技术成果的应用效果抽样分析,2021年8074项科技成果中,替代落后技术、工艺、装备的占比为39.71%;降低成本的占比为31.86%,较上年减少5.52个百分点(图3-13)。

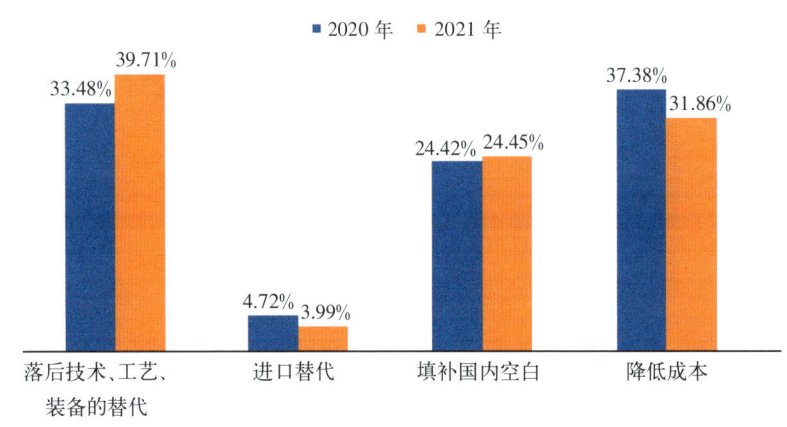

图3-13　2020—2021年西部地区登记应用技术成果应用效果

五、东北地区

2021年,东北地区共登记科技成果2846项。其中,黑龙江省登记科技成果数量最多,占比超过东北地区登记科技成果总量的50%。

1. 成果来源构成

2021年,东北地区登记的科技成果中,来自财政支持的各类计划(包括国家科技计划、部门计划和地方计划)的科技成果登记数量所占比例由去年的七成降至四成。其中,来自国家科技计划的科技成果登记数量占东北地区登记科技成果总量的9.21%,来自部门计划的科技成果登记数量占4.43%,来自地方计划的科技成果登记数量占26.70%(表3-9、图3-14)。

表3-9　2020—2021年东北地区登记科技成果课题来源

课题来源	成果数(项)		
	2020年	2021年	增幅
国家科技计划	199	262	31.66%
部门计划	121	126	4.13%
地方计划	1167	760	−34.88%
部门基金	16	13	−18.75%
地方基金	147	524	256.46%
民间基金	4	0	−100.00%
国际合作	2	4	100.00%
横向委托	27	31	14.81%
自选	374	367	−1.87%
其他	70	759	984.29%
合计	2127	2846	33.80%

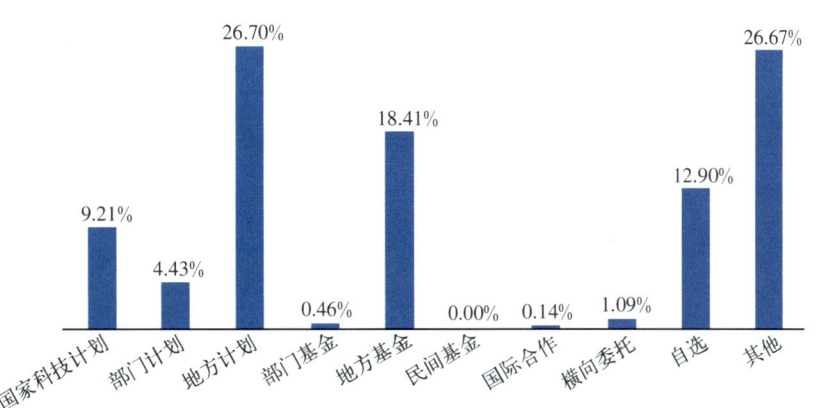

图3-14　2021年东北地区登记科技成果课题来源构成

2. 高新技术领域分布

2021年，东北地区共登记高新技术领域科技成果1395项。从技术领域分布看，东北地区登记高新技术领域科技成果主要集中在生物医药与医疗器械领域和现代农业领域，分别占比37.85%和25.16%；其他领域登记的科技成果数量及占比相对较少（表3-10、图3-15）。

表3-10 2020—2021年东北地区登记高新技术领域科技成果数量

高新技术领域		成果数（项）		
		2020年	2021年	增幅
自然、生态、环境领域	生物医药与医疗器械	494	528	6.88%
	新能源与节能	52	33	-36.54%
	环境保护	36	51	41.67%
	地球、空间与海洋	24	31	29.17%
非自然、生态、环境领域	电子信息	62	114	83.87%
	先进制造	114	114	0.00%
	航空航天	6	7	16.67%
	现代交通	36	62	72.22%
	新材料	44	99	125.00%
	核应用技术	3	5	66.67%
	现代农业	307	351	14.33%
合计		1178	1395	18.42%

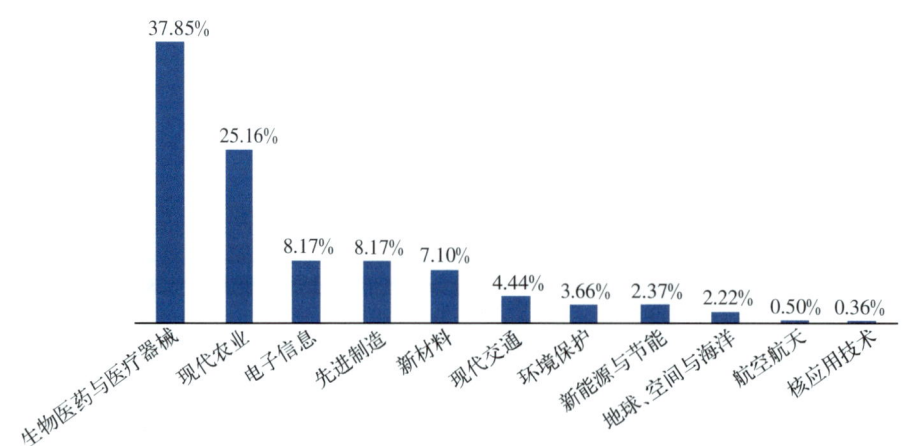

图3-15 2021年东北地区登记科技成果高新技术领域分布

2021年，东北地区登记的高新技术成果中，非自然、生态、环境领域科技成果占比为53.90%，比上年增长5.34个百分点(附表9)。

3.应用技术成果转化应用状态

2021年，东北地区登记的应用技术成果中，小批量或小范围应用的占比最高，为39.60%，产业化应用的占比为31.48%，未应用的占比为16.34%，试用的占比为12.30%(图3-16)。

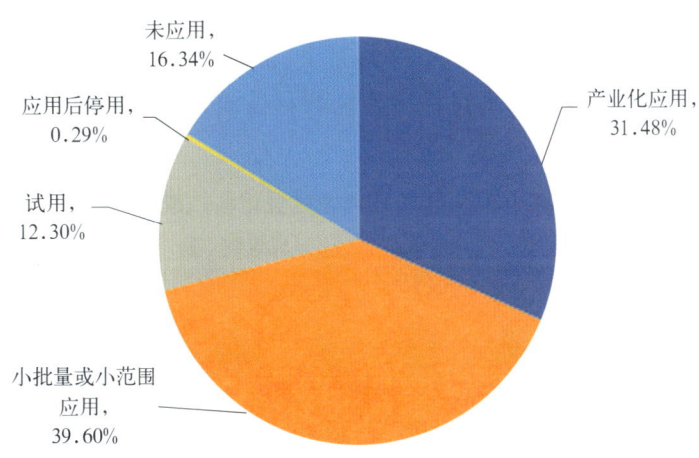

图3-16　2021年东北地区登记应用技术成果应用状态

通过对东北地区登记应用技术成果的应用效果抽样分析，2021年1203项科技成果中，填补国内空白的占比为37.41%；降低成本的占比为26.35%，较上年减少4.43个百分点(图3-17)。

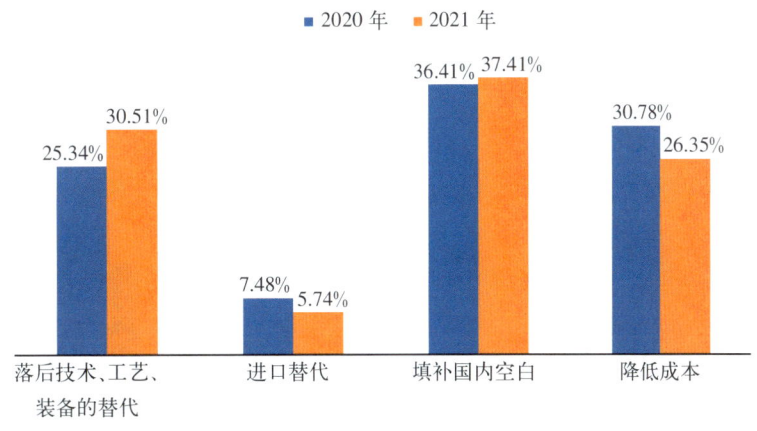

图3-17　2020—2021年东北地区登记应用技术成果应用效果

六 长三角地区

2021年，长三角地区共登记科技成果9249项。其中，浙江省登记科技成果数量最多，占比超过60%。

1. 成果来源构成

2021年，长三角地区登记的科技成果中，来自财政支持的各类计划（包括国家科技计划、部门计划和地方计划）的科技成果登记数量占比为60.47%。其中，来自地方计划的科技成果登记数量最多，增幅最大，同比增长8.62%，占长三角地区登记科技成果总量的45.37%。来自横向委托的科技成果登记数量有所减少，为61项，占比为0.66%（表3-11、图3-18）。

表3-11 2020—2021年长三角地区登记科技成果课题来源

课题来源	成果数（项） 2020年	成果数（项） 2021年	增幅
国家科技计划	617	580	-6.00%
部门计划	763	817	7.08%
地方计划	3863	4196	8.62%
部门基金	147	142	-3.40%
地方基金	494	588	19.03%
民间基金	6	7	16.67%
国际合作	12	12	0.00%
横向委托	122	61	-50.00%
自选	1968	2520	28.05%
其他	348	326	-6.32%
合计	8340	9249	10.90%

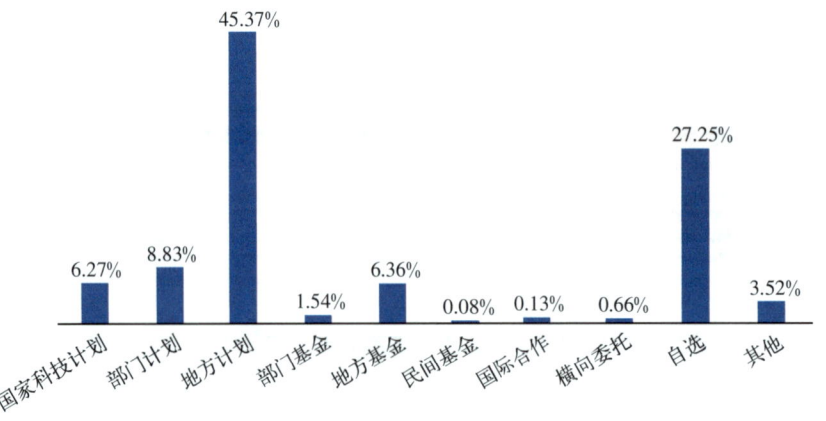

图3-18 2021年长三角地区登记科技成果课题来源构成

2. 高新技术领域分布

2021年，长三角地区共登记高新技术领域科技成果7317项。从技术领域分布看，长三角地区登记高新技术领域科技成果聚焦在先进制造领域和新材料领域，登记科技成果数量占比分别为34.43%和27.89%。地球、空间与海洋领域登记的科技成果数量增幅较大，同比增长43.18%（表3-12、图3-19）。

表3-12 2020—2021年长三角地区登记高新技术领域科技成果数量

高新技术领域		成果数（项）		
		2020年	2021年	增幅
自然、生态、环境领域	生物医药与医疗器械	708	873	23.31%
	新能源与节能	337	319	-5.34%
	环境保护	303	302	-0.33%
	地球、空间与海洋	88	126	43.18%
非自然、生态、环境领域	电子信息	468	505	7.91%
	先进制造	1887	2519	33.49%
	航空航天	25	9	-64.00%
	现代交通	98	107	9.18%
	新材料	1516	2041	34.63%
	核应用技术	10	13	30.00%
	现代农业	400	503	25.75%
合计		5840	7317	25.29%

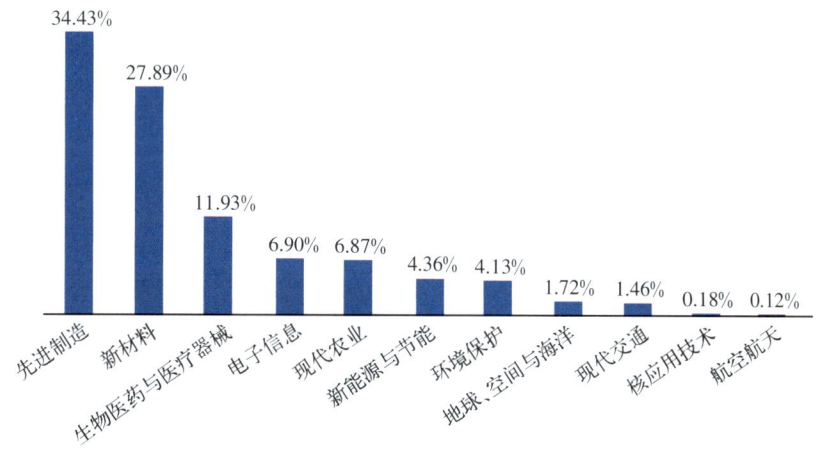

图3-19 2021年长三角地区登记科技成果高新技术领域分布

2021年,长三角地区登记的高新技术成果中,非自然、生态、环境领域科技成果占比为77.86%,较上年增长2.45个百分点(附表9)。

3.应用技术成果转化应用状态

2021年,长三角地区登记的应用技术成果中,产业化应用的占比最高,为68.80%,小批量或小范围应用的占比为21.07%,试用的占比为5.83%,未应用的占比较低,仅为4.25%(图3-20)。

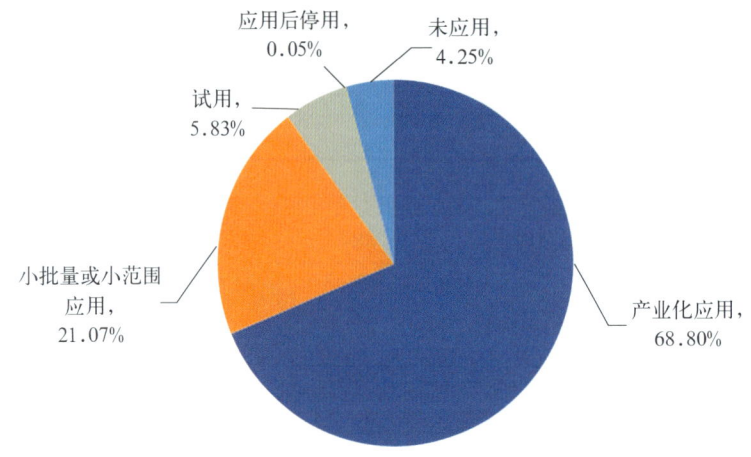

图3-20　2021年长三角地区登记应用技术成果应用状态

通过对长三角地区登记应用技术成果的应用效果抽样分析,2021年9033项科技成果中,替代落后技术、工艺、装备的占比为46.67%,较上年增长6.15个百分点(图3-21)。

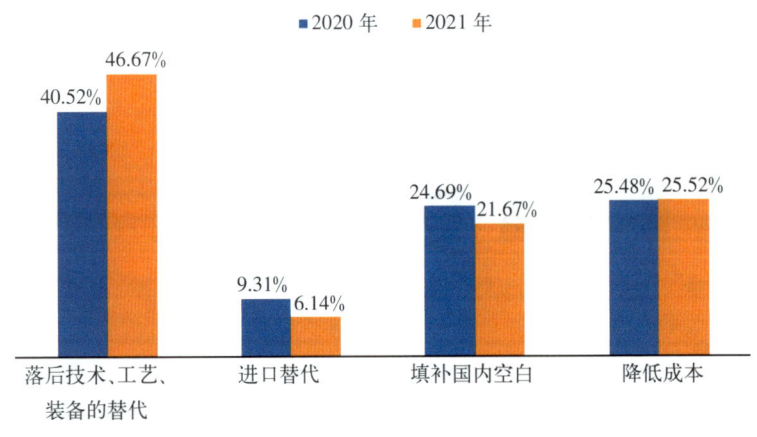

图3-21　2020—2021年长三角地区登记应用技术成果应用效果

七、京津冀地区

2021年,京津冀地区共登记科技成果4963项。其中,河北省登记科技成果数量最多,占比超过50%。

1. 成果来源构成

2021年,京津冀地区登记的科技成果中,来自自选课题的科技成果登记数量为935项,占比18.84%。来自财政支持的各类计划(包括国家科技计划、部门计划和地方计划)的科技成果登记数量较上年均有所下降,占比合计为23.61%(表3-13、图3-22)。

表3-13 2020—2021年京津冀地区登记科技成果课题来源

课题来源	成果数(项)		
	2020年	2021年	增幅
国家科技计划	629	396	-37.04%
部门计划	349	208	-40.40%
地方计划	885	568	-35.82%
部门基金	79	45	-43.04%
地方基金	188	165	-12.23%
民间基金	2	3	50.00%
国际合作	8	5	-37.50%
横向委托	52	19	-63.46%
自选	1288	935	-27.41%
其他	2665	2619	-1.73%
合计	6145	4963	-19.24%

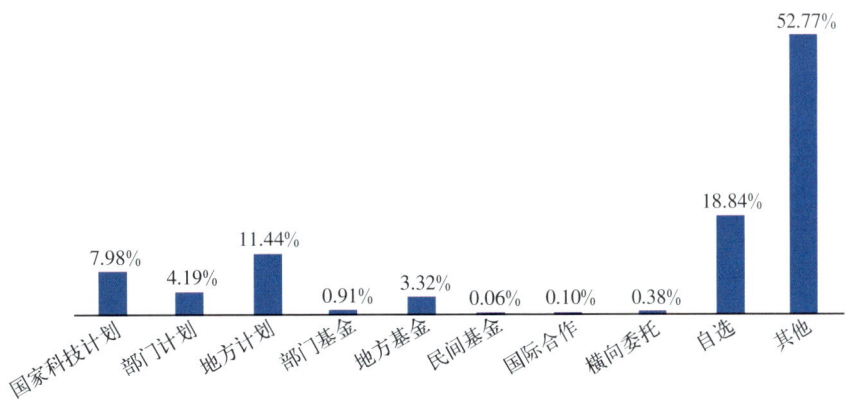

图3-22 2021年京津冀地区登记科技成果课题来源构成

2. 高新技术领域分布

2021年,京津冀地区共登记高新技术领域科技成果1310项,较上年有明显下降。从技术领域分布看,先进制造领域登记的科技成果数量占京津冀地区登记高新技术领域科技成果总量的16.79%(表3-14、图3-23)。

表3-14　2020—2021年京津冀地区登记高新技术领域科技成果数量

高新技术领域		成果数(项)		增幅
		2020年	2021年	
自然、生态、环境领域	生物医药与医疗器械	281	195	−30.60%
	新能源与节能	140	139	−0.71%
	环境保护	112	96	−14.29%
	地球、空间与海洋	182	149	−18.13%
非自然、生态、环境领域	电子信息	279	184	−34.05%
	先进制造	144	220	52.78%
	航空航天	19	16	−15.79%
	现代交通	132	43	−67.42%
	新材料	121	56	−53.72%
	核应用技术	6	0	−100.00%
	现代农业	229	212	−7.42%
合计		1645	1310	−20.36%

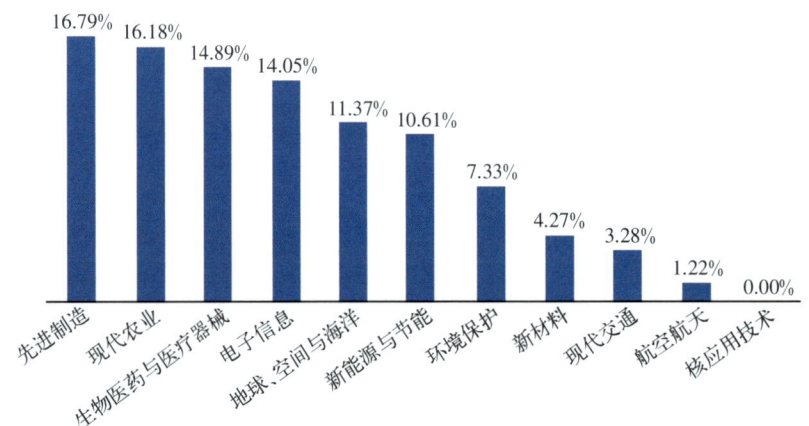

图3-23　2021年京津冀地区登记科技成果高新技术领域分布

2021年，京津冀地区登记的高新技术成果中，非自然、生态、环境领域科技成果占比为55.80%，较上年减少0.73个百分点（附表9）。

3. 应用技术成果转化应用状态

2021年，京津冀地区登记的应用技术成果中，小批量或小范围应用的占比为46.22%，产业化应用的占比为35.65%，试用的占比为13.57%，未应用的占比为4.45%（图3-24）。

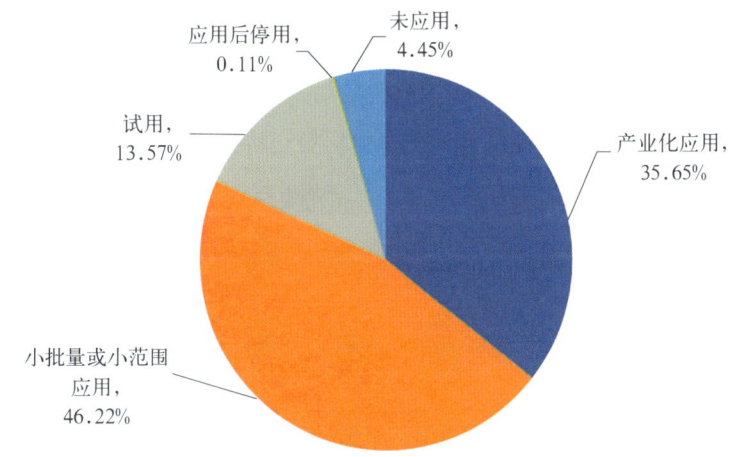

图3-24　2021年京津冀地区登记应用技术成果应用状态

通过对京津冀地区登记应用技术成果的应用效果抽样分析，2021年2012项科技成果中，填补国内空白的占比较高，为32.11%（图3-25）。

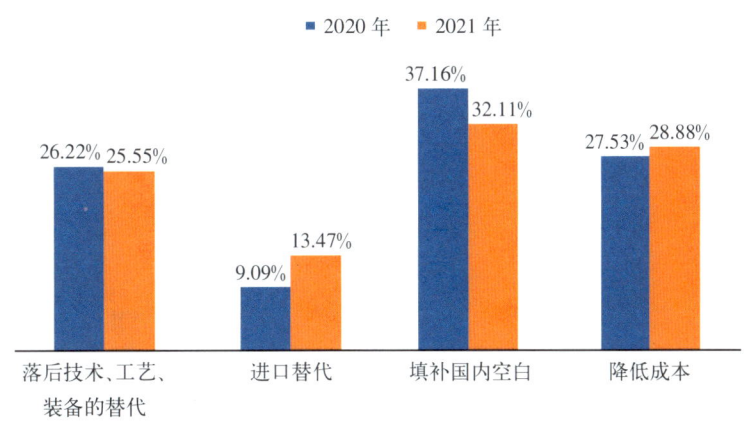

图3-25　2020—2021年京津冀地区登记应用技术成果应用效果

八 珠三角地区

2021年,珠三角地区共登记科技成果3702项。其中,广东省登记科技成果数量最多,占比接近70%。

1. 成果来源构成

2021年,珠三角地区登记的科技成果课题来源以地方计划为主,占比为62.61%。来自国家科技计划的科技成果登记数量占珠三角地区登记科技成果总量的6.19%,较上年上升明显(表3-15、图3-26)。

表3-15　2020—2021年珠三角地区登记科技成果课题来源

课题来源	成果数(项) 2020年	2021年	增幅
国家科技计划	62	229	269.35%
部门计划	59	51	-13.56%
地方计划	2823	2318	-17.89%
部门基金	7	13	85.71%
地方基金	48	45	-6.25%
民间基金	5	1	-80.00%
国际合作	2	2	0.00%
横向委托	41	50	21.95%
自选	1016	846	-16.73%
其他	417	147	-64.75%
合计	4480	3702	-17.37%

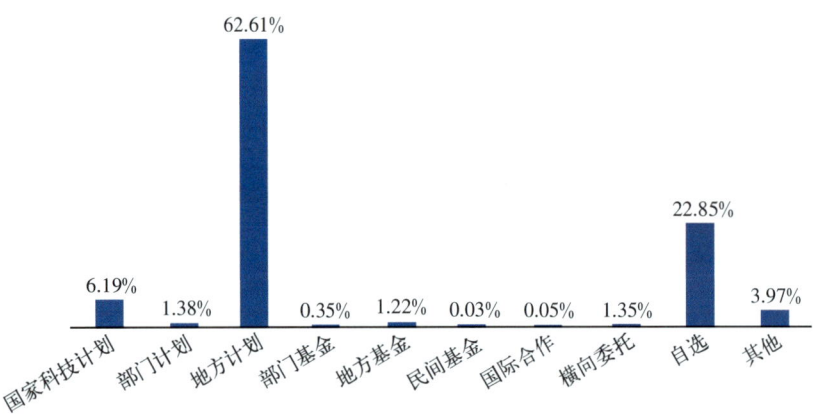

图3-26　2021年珠三角地区登记科技成果课题来源构成

2.高新技术领域分布

2021年,珠三角地区共登记高新技术领域科技成果2526项。从技术领域分布看,生物医药与医疗器械领域、电子信息领域、先进制造领域登记的科技成果数量占比分别为21.65%、17.10%和13.97%。航空航天领域、现代农业领域、先进制造领域登记的科技成果数量分别减少了66.67%、34.17%和16.94%(表3-16、图3-27)。

表3-16 2020—2021年珠三角地区登记高新技术领域科技成果数量

高新技术领域		成果数(项)		
		2020年	2021年	增幅
自然、生态、环境领域	生物医药与医疗器械	594	547	-7.91%
	新能源与节能	272	265	-2.57%
	环境保护	247	217	-12.15%
	地球、空间与海洋	46	56	21.74%
非自然、生态、环境领域	电子信息	518	432	-16.60%
	先进制造	425	353	-16.94%
	航空航天	12	4	-66.67%
	现代交通	85	73	-14.12%
	新材料	291	258	-11.34%
	核应用技术	8	7	-12.50%
	现代农业	477	314	-34.17%
合计		2975	2526	-15.09%

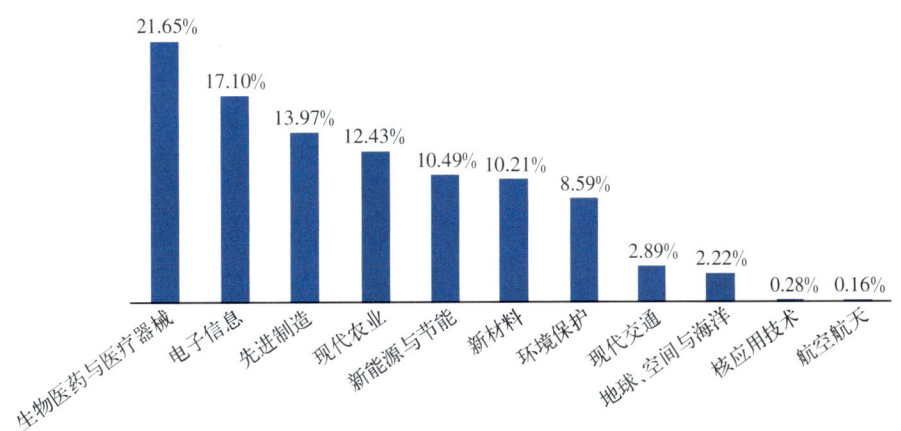

图3-27 2021年珠三角地区登记科技成果高新技术领域分布

2021年，珠三角地区登记的高新技术成果中，非自然、生态、环境领域科技成果占比为57.04%，比上年减少4.00个百分点（附表9）。

3.应用技术成果转化应用状态

2021年，珠三角地区登记的应用技术成果中，产业化应用的占比最高，为49.56%，小批量或小范围应用的占比为27.58%，试用的占比为13.79%，未应用的占比为8.96%（图3-28）。

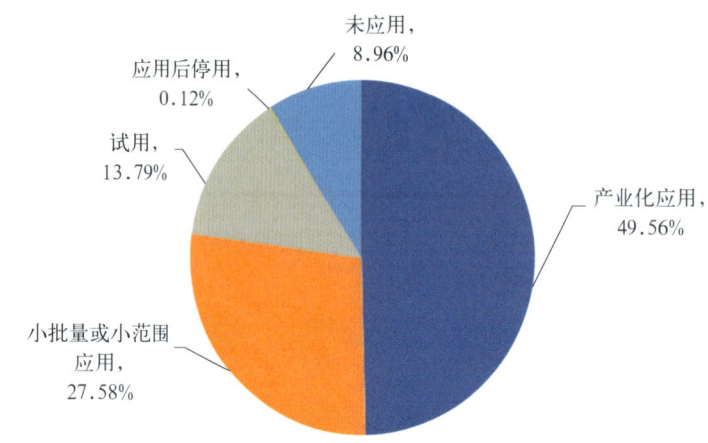

图3-28　2021年珠三角地区登记应用技术成果应用状态

通过对珠三角地区登记应用技术成果的应用效果抽样分析，2021年2186项科技成果中，填补国内空白、替代落后技术、工艺、装备及替代进口的占比分别为32.34%、31.38%和9.84%，较上年均有小幅增长。降低成本的占比略有下降（图3-29）。

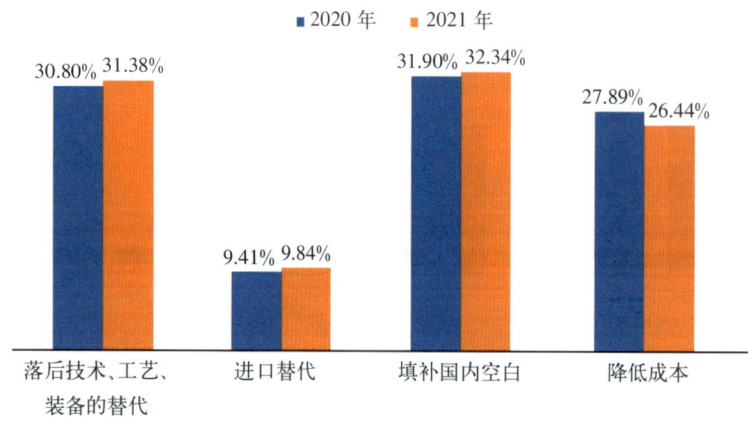

图3-29　2020—2021年珠三角地区登记应用技术成果应用效果

第四部分

应用技术成果转化应用情况

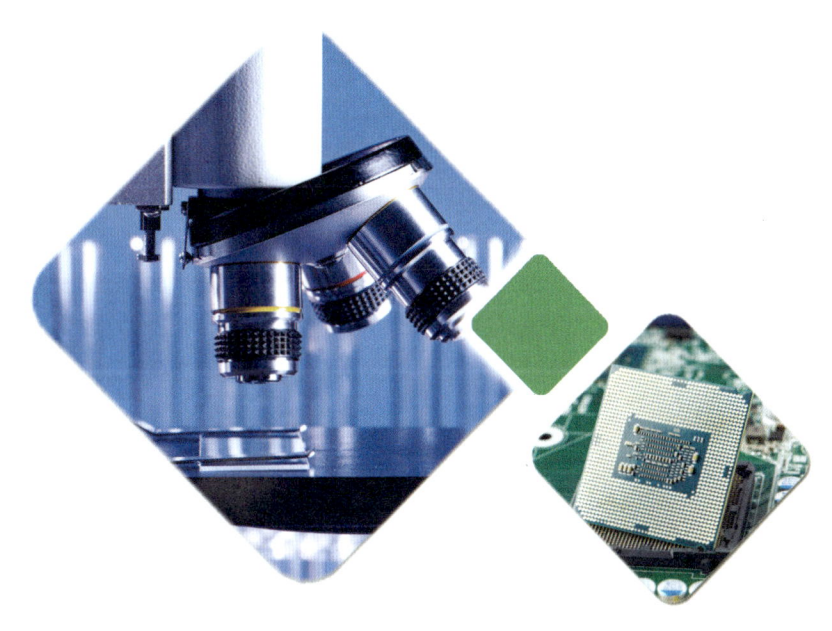

第四部分　应用技术成果转化应用情况

一 应用技术成果总体情况

1. 产出形式

2021年登记到国家科技成果库中的66506项应用技术成果以新技术、新产品为主要产出形式,其中,新技术占比为47.79%,新产品占比为15.54%(图4-1)。新技术、新产品也是各类型完成单位应用技术成果的主要产出形式(表4-1)。

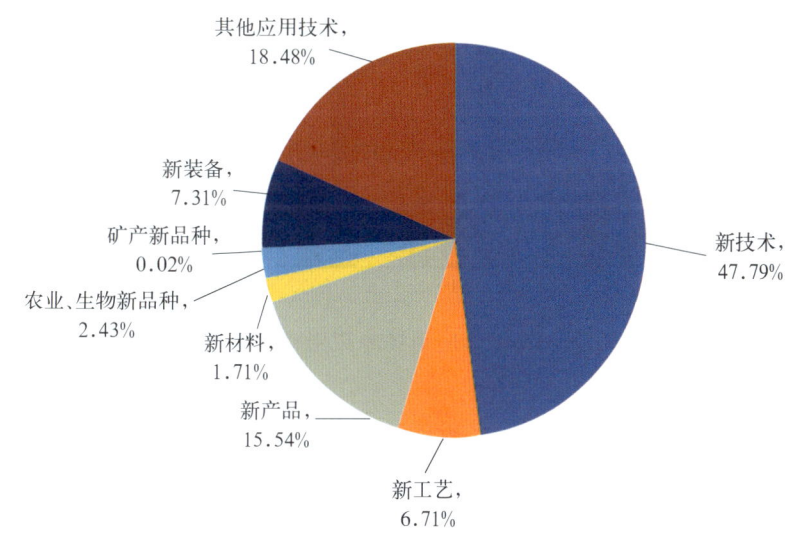

图4-1　2021年应用技术成果的产出形式

表4-1　2021年不同完成单位的应用技术成果产出形式构成

成果产出形式	独立科研机构	大专院校	企业	医疗机构	其他
新技术	53.37%	64.55%	48.90%	69.39%	50.05%
新工艺	4.50%	5.14%	10.00%	1.03%	2.35%
新产品	10.17%	10.55%	23.05%	3.66%	6.76%
新材料	1.95%	4.70%	1.79%	0.29%	0.62%
农业、生物新品种	10.60%	2.50%	1.63%	0.07%	3.00%
矿产新品种	0.10%	0.00%	0.01%	0.00%	0.16%
新装备	7.12%	3.71%	10.55%	1.99%	3.23%
其他应用技术	12.19%	8.85%	4.07%	23.57%	33.83%

2. 所处阶段

2021年,应用技术成果中,处于成熟应用阶段的占比为60.15%,较上年下降1.02个百分点;处于初期阶段和中期阶段的占比分别为25.98%和13.87%。2017—2021年,应用技术成果中处于成熟应用阶段的比例基本保持在60%以上;处于初期阶段的比例呈小幅上升趋势(图4-2)。

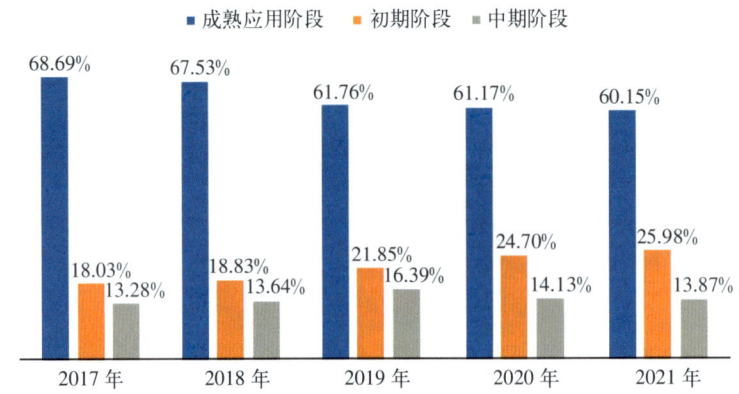

图4-2　2017—2021年应用技术成果所处阶段分布

3. 应用状态

2021年,应用技术成果中,产业化应用的应用技术成果29528项,所占比例最高,为43.30%;小批量或小范围应用的应用技术成果22952项,占应用技术成果总量的33.65%;未应用的应用技术成果8248项,占应用技术成果总量的12.09%;试用的应用技术成果7352项,占应用技术成果总量的10.78%;应用后停用的应用技术成果119项,占比为0.17%。

2017—2021年,应用技术成果产业化应用的比例位于43%~57%,2021年比例较上年略有下降(图4-3)。

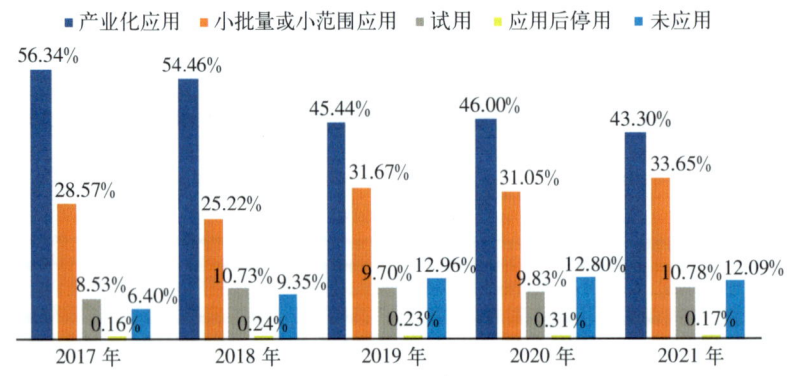

图4-3　2017—2021年应用技术成果应用状态分布

(1) 各地区成果应用情况

2021年,地方登记的应用技术成果中,产业化应用的应用技术成果26260项,较上年减少了1277项。

从东、中、西部地区分布看,2021年东部地区产业化应用的应用技术成果所占比例高于中、西部地区,为54.51%,较上年增长3.62个百分点;中部地区产业化应用的应用技术成果占比为40.38%,较上年减少4.89个百分点;西部地区产业化应用的应用技术成果占比为31.75%,较上年减少2.94个百分点(图4-4)。

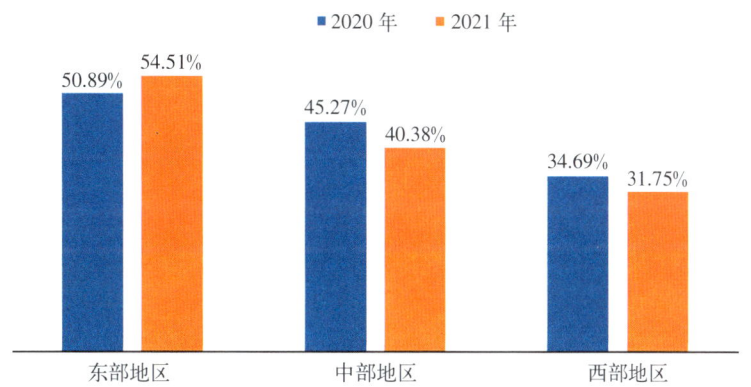

图4-4　2020—2021年东、中、西部地区产业化应用的应用技术成果占比

从主要经济地带看,2021年长三角地区产业化应用的应用技术成果占比最高,为68.80%;东北地区产业化应用的应用技术成果占比最低,为31.48%(图4-5)。

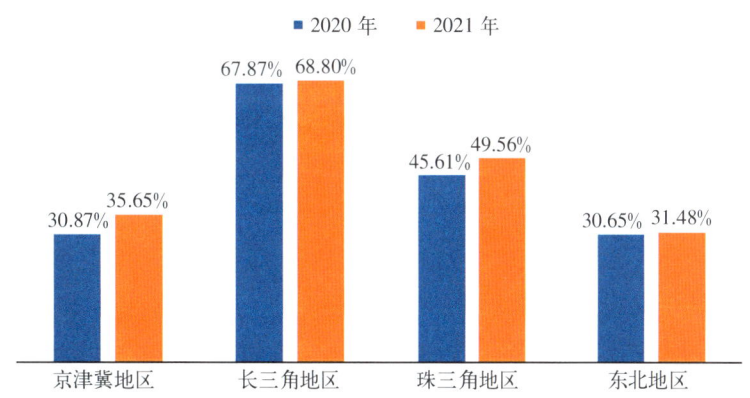

图4-5　2020—2021年四大经济地带产业化应用的应用技术成果占比

(2) 各行业成果应用情况

从各行业产业化应用所占比例看,2021年金融业、制造业的产业化应用占比较高,分别达到63.90%和58.94%;采矿业、批发和零售业的产业化应用占比均超过50%(附表11)。

2021年,未应用占比较高的行业主要为国际组织,占比为33.33%。住宿和餐饮业未应用的占比为28.57%(附表11)。

(3) 高新技术领域成果应用情况

从高新技术领域看,2021年新材料领域产业化应用占比最高,达到67.94%;其次是先进制造领域,产业化应用占比为58.65%;新能源与节能领域产业化应用占比为57.95%;其他高新技术领域的产业化应用占比均不足50%;生物医药与医疗器械领域占比最低,为29.60%(附表11)。

4. 未应用或应用后停用影响因素

应用技术成果未应用或应用后停用的影响因素较多。2017—2021年,应用技术成果未应用或应用后停用的主要影响因素是资金问题,占比一直在30%以上。管理问题占比从2017年的14.28%增长到2021年的21.23%。技术问题占比从2017年的29.42%下降到2021年的22.23%,表明影响应用技术成果转化应用的技术问题有所缓解。政策因素占比从2017年的8.89%降为2021年的5.72%,表明应用技术成果转化的政策环境逐步优化(图4-6)。

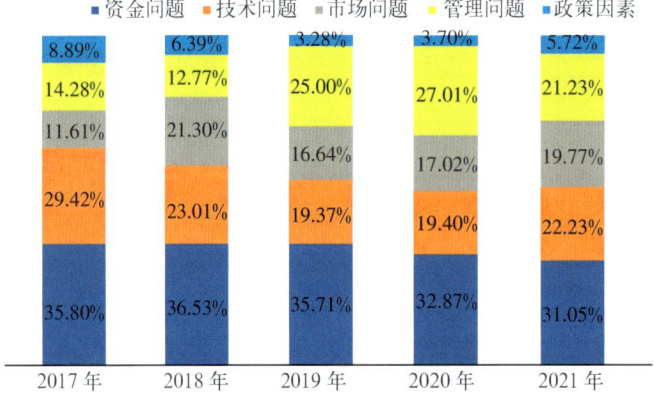

图4-6 2017—2021年应用技术成果未应用或应用后停用影响因素的比例分布

从东、中、西部地区看,2021年东部地区应用技术成果未应用或应用后停用的主要影响因素是技术问题,占比为36.06%。中部地区和西部地区应用技术成果未应用或应用后停用的主要影响因素均是资金问题,占比分别为31.89%和35.28%(图4-7)。

从主要经济地带看,2021年京津冀地区、长三角地区和珠三角地区的最主要影响因素是技术问题;东北地区应用技术成果未应用或应用后停用的影响因素中资金问题较为突出。4个经济地带中,影响应用技术成果转化应用的政策因素所占比例珠三角地区最小,为4.68%(图4-7)。

第四部分 应用技术成果转化应用情况

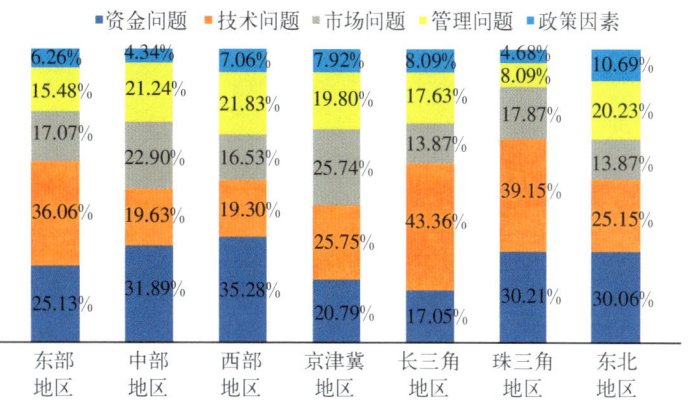

图 4-7　2021 年不同地区应用技术成果未应用或应用后停用影响因素的比例分布

2021 年，各类型单位的应用技术成果未应用或应用后停用的影响因素主要集中在资金问题和技术问题。大专院校、医疗机构、独立科研机构和企业应用技术成果未应用或应用后停用的主要影响因素均是资金问题；技术问题对医疗机构影响较大；技术问题、管理问题和市场问题对大专院校影响程度基本相同，占比分别为 20.71%、20.37% 和 20.02%（图 4-8）。

图 4-8　2021 年不同单位应用技术成果未应用或应用后停用影响因素的比例分布

2 财政资助应用技术成果转移转化情况

财政资助来源于国家科技计划、部门计划、部门基金、地方计划和地方基金。2021年，登记在国家科技成果库的66506项应用技术成果中，财政资助的应用技术成果22375项，占比为33.64%，较上年上升1.15个百分点。

1. 转化方式

2021年，财政资助应用技术成果转化的主要方式是自我转化和合作转化，二者所占比例之和为90.54%。从各类财政资助来源类型看，自我转化的比例均超过合作转化，技术转让与许可的比例较低，占比为7%～19%（图4-9）。

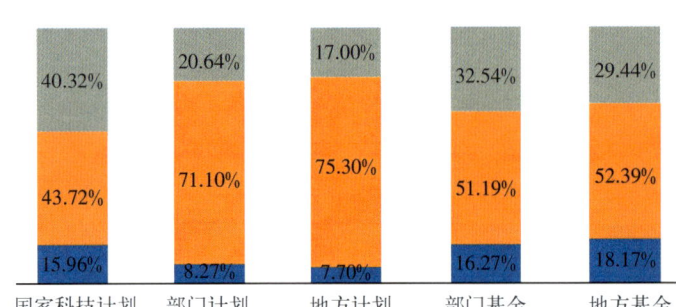

图4-9　2021年财政资助应用技术成果的不同转化方式构成

2. 转移途径

从应用技术成果的转移途径看，2021年共有6683项财政资助应用技术成果反馈有效数据。由于应用技术成果转移途径为多选项，因此共统计出6910个转移途径选项。

其中，协议定价为实现转移的主要途径，占比为67.74%；采用技术拍卖、挂牌交易等转移途径的应用技术成果占比较少，分别为2.84%和2.81%（表4-2）。

表4-2　2021年财政资助应用技术成果转移途径

转移途径	选项数（个）	普及率（n=6683）
协议定价	4527	67.74%
挂牌交易	188	2.81%
技术拍卖	190	2.84%
其他	2005	30.00%
合计	6910	103.40%

注：普及率强调样本中有多少比例选择该项，各个选项的比例之和大于100%。

第四部分　应用技术成果转化应用情况

3.转化收入

2021年,在财政资助的22375项应用技术成果中,已转让企业2317家,实现技术转让与许可收入约35.22亿元,平均每项应用技术成果的技术转让与许可收入为15.74万元。从已转让企业数量看,地方计划多于国家科技计划、部门计划等各类课题来源,达到1107家,占已转让企业总数的47.78%,技术转让与许可收入约9.95亿元,占技术转让与许可收入总量的28.25%。国家科技计划应用技术成果技术转让与许可收入高于地方计划,约21.15亿元,平均每项应用技术成果技术转让与许可收入达到69.29万元,遥遥领先于其他课题来源(表4-3)。

表4-3　2021年财政资助应用技术成果的转化收入

课题来源	应用技术成果(项)	已转让企业(家)	技术转让与许可收入(万元)	平均每项应用技术成果的技术转让与许可收入(万元)
国家科技计划	3052	856	211486	69.29
部门计划	2823	280	26040	9.22
地方计划	14770	1107	99491	6.74
部门基金	426	19	406	0.95
地方基金	1304	55	14817	11.36
合计	22375	2317	352240	15.74

4.应用效果

2021年,在财政资助的22375项应用技术成果中,有转化应用效果的12814项,占比为57.27%。由于应用技术成果的应用效果为多选项,因此共统计出17254个应用效果选项,平均每项应用技术成果选择1.35个选项。

其中,47.75%的应用技术成果实现了落后技术、工艺、装备的替代,40.96%的应用技术成果填补了国内空白,36.76%的应用技术成果有效降低了成本,9.17%的应用技术成果实现了进口替代(表4-4)。

表4-4　2021年财政资助应用技术成果应用效果

应用效果	选项数(个)	普及率($n=12814$)
落后技术、工艺、装备的替代	6119	47.75%
进口替代	1175	9.17%
填补国内空白	5249	40.96%
降低成本	4711	36.76%
合计	17254	134.65%

注:普及率强调样本中有多少比例选择该项,各个选项的比例之和大于100%。

5.奖励和报酬情况

从应用技术成果转化的奖励和报酬情况看,2021年共有9409项财政资助应用技术成果反馈有效数据。完全实施转化收益奖励和报酬的应用技术成果为4010项,占比为42.62%;未实施或未完全实施转化收益奖励和报酬的比例仍然较高,分别为39.37%和18.01%(图4-10)。

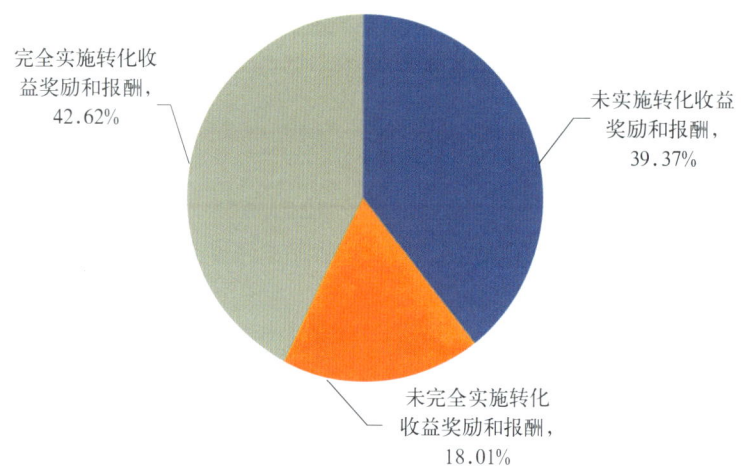

图4-10 2021年财政资助应用技术成果转化的奖励和报酬情况

6.政府支持情况

2021年,财政资助应用技术成果转化的政府支持形式以得到转化财政经费支持为主。从政府支持情况看,共有7959项应用技术成果反馈有效数据,同比增长28.52%(2020年6193项)。其中,有4057项应用技术成果获得了政府支持,政府的支持形式以得到转化财政经费支持为主,占比为39.67%;其次为享受政府税收优惠的支持形式,占比为34.35%(图4-11)。49.03%的应用技术成果反馈在转化阶段没有获得政府支持。

第四部分 应用技术成果转化应用情况

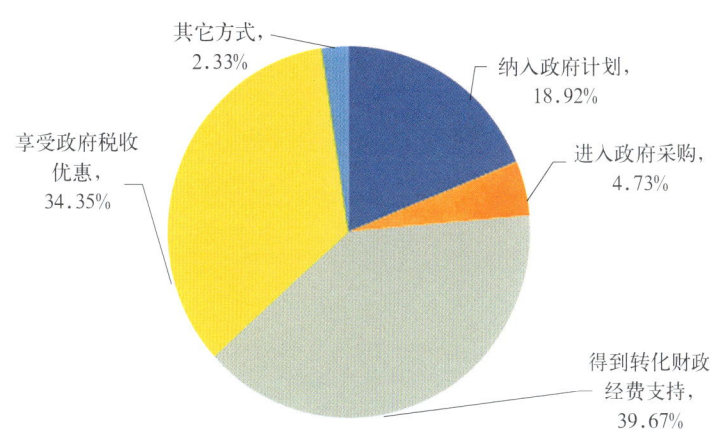

图 4-11 2021 年财政资助应用技术成果转化的政府支持情况

7. 本单位转化政策支持情况

从应用技术成果获得的本单位转化政策支持情况看,2021 年共有 8688 项财政资助应用技术成果反馈有效数据。由于应用技术成果的本单位转化政策支持形式为多选项,因此共统计出 13025 个选项,平均每项应用技术成果选择 1.50 个选项。

其中,51.36%的应用技术成果所属单位将成果转化纳入绩效考评;所属单位将成果转化与个人收入分配、职称评定挂钩的均超过 30%;18.30%的应用技术成果所属单位设立了专门的转化机构(表 4-5)。

表 4-5 2021 年财政资助应用技术成果的本单位转化政策支持情况

本单位转化政策支持	选项数(个)	普及率($n=8688$)
设立转化机构	1590	18.30%
纳入绩效考评	4462	51.36%
与职称评定挂钩	2646	30.46%
与个人收入分配挂钩	2722	31.33%
未设立转化机构、未出台转化政策	1605	18.47%
合计	13025	149.92%

注:普及率强调样本中有多少比例选择该项,各个选项的比例之和大于 100%。

非财政资助应用技术成果转移转化情况

非财政资助来源于国际合作、横向委托、民间基金、自选课题等。2021年,登记到国家科技成果库的66506项应用技术成果中,非财政资助应用技术成果比例上升至66.36%。

1. 转化方式

2021年,非财政资助应用技术成果转化的方式以自我转化和合作转化为主,以技术转让与许可方式转化的比例较低。其中,自选课题应用技术成果中91.88%实现自我转化。国际合作、横向委托应用技术成果采用合作转化方式的比例相对较高,分别为41.18%和48.03%(图4-12)。

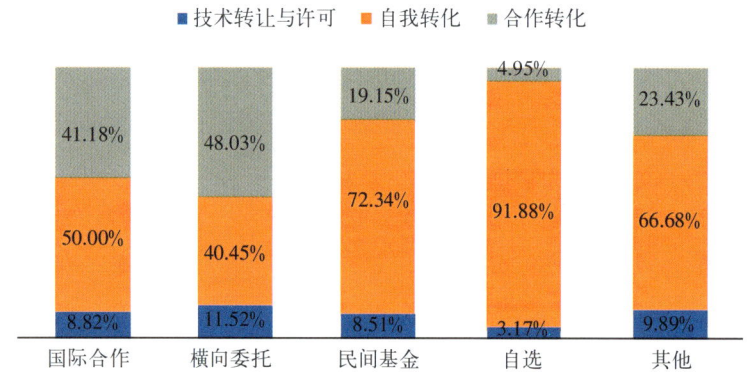

图4-12 2021年非财政资助应用技术成果的不同转化方式构成

2. 转移途径

从应用技术成果的转移途径看,2021年共有19614项非财政资助应用技术成果反馈有效数据。由于应用技术成果的转移途径为多选项,因此共统计出19816个转移途径选项。

其中,占比超过七成的应用技术成果通过协议定价实现转移转化;采用挂牌交易、技术拍卖等实现转移转化的应用技术成果占比较少,分别为0.59%和1.01%(表4-6)。

第四部分 应用技术成果转化应用情况

表 4-6 2021 年非财政资助应用技术成果转移途径

转移途径	选项数(个)	普及率 (n =19614)
协议定价	14314	72.98%
挂牌交易	115	0.59%
技术拍卖	199	1.01%
其他	5188	26.45%
合计	19816	101.03%

注:普及率强调样本中有多少比例选择该项,各个选项的比例之和大于100%。

3. 转化收入

2021 年,在非财政资助的 44131 项应用技术成果中,共转让企业 1845 家,获得技术转让与许可收入约 30.21 亿元,平均每项应用技术成果的技术转让与许可收入为 6.85 万元。其中,自选课题的应用技术成果数量最多,为 37390 项,转让企业 1427 家,技术转让与许可收入约 17.80 亿元,其产业化应用占主导地位。从单个应用技术成果的技术转让与许可水平看,横向委托的平均应用技术成果转化收入高于其他课题来源,平均每项应用技术成果的技术转让与许可收入为 48.79 万元(表 4-7)。

表 4-7 2021 年非财政资助应用技术成果的转化收入

课题来源	应用技术成果(项)	已转让企业(家)	技术转让与许可收入(万元)	平均每项应用技术成果的技术转让与许可收入(万元)
国际合作	60	5	545	9.08
横向委托	610	98	29762	48.79
民间基金	68	15	240	3.53
自选	37390	1427	178009	4.76
其他	6003	300	93584	15.59
合计	44131	1845	302140	6.85

4. 应用效果

2021 年,44131 项非财政资助的应用技术成果中,有转化应用效果的 26129 项,占比为 59.21%。由于应用效果为多选项,因此共统计出 30919 个选项,平均每项应用技术成果选择 1.18 个选项。

与财政资助的应用技术成果相比,非财政资助的应用技术成果在填补国内空白及进口替代等方面相对较弱(表 4-8)。其中,实现进口替代的应用技术成果占比仅为 4.83%(财政资助的应用技术成果为 9.17%);填补国内空白的应用技术成果占比为 18.84%（财政资助的应用技术成果为 40.96%）。

表 4-8 2021 年非财政资助应用技术成果应用效果

应用效果	选项数（个）	普及率（$n=26129$）
落后技术、工艺、装备的替代	17653	67.56%
进口替代	1262	4.83%
填补国内空白	4923	18.84%
降低成本	7081	27.10%
合计	30919	118.33%

注：普及率强调样本中有多少比例选择该选项，各个选项的比例之和大于 100%。

5. 奖励和报酬情况

从应用技术成果转化的奖励和报酬情况看，2021 年共有 22833 项非财政资助应用技术成果反馈有效数据。完全实施转化收益奖励和报酬的应用技术成果为 9297 项，占比为 40.72%（图 4-13）。

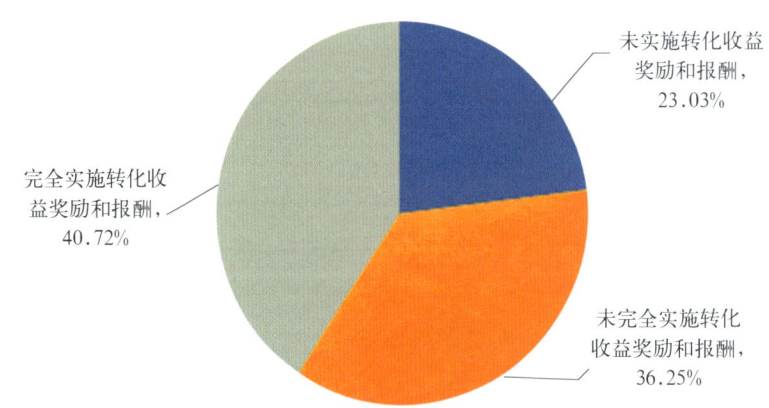

图 4-13 2021 年非财政资助应用技术成果转化的奖励和报酬情况

6. 政府支持情况

2021 年，非财政资助应用技术成果转化的政府支持形式以享受政府税收优惠为主。从政府支持情况看，共有 9095 项应用技术成果反馈有效数据。其中，有 3639 项应用技术成果获得了政府的相关支持，享受政府税收优惠的占比最大，为 64.57%；其次为得到转化财政经费支持，占比为 17.55%（图 4-14）。没有获得政府支持的应用技术成果占比为 59.99%。

第四部分 应用技术成果转化应用情况

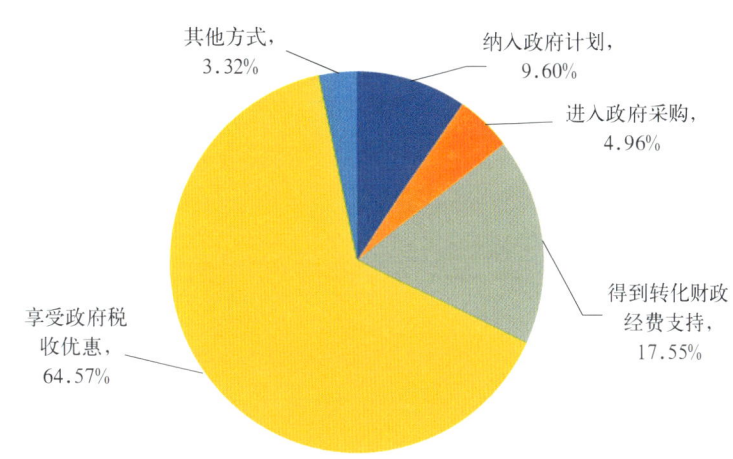

图 4-14 2021 年非财政资助应用技术成果转化的政府支持情况

7.本单位转化政策支持情况

从应用技术成果获得的本单位转化政策支持情况看,2021 年共有 10860 项非财政资助应用技术成果反馈有效数据。由于应用技术成果的本单位转化政策支持形式为多选项,因此共统计出 15426 个选项,平均每项应用技术成果选择 1.42 个选项。

其中,将成果转化纳入绩效考评的应用技术成果占比为 52.73%,将成果转化与个人收入分配挂钩的应用技术成果占比为 30.97%(表 4-9)。

表 4-9 2021 年非财政资助应用技术成果的本单位转化政策支持情况

本单位转化政策支持	选项数(个)	普及率($n=10860$)
设立转化机构	2199	20.25%
纳入绩效考评	5727	52.73%
与职称评定挂钩	2319	21.35%
与个人收入分配挂钩	3363	30.97%
未设立转化机构、未出台转化政策	1818	16.74%
合计	15426	142.04%

注:普及率强调样本中有多少比例选择该项,各个选项的比例之和大于100%。

四 大专院校和独立科研机构应用技术成果转移转化情况

1. 应用状态

2021年,全国登记的应用技术成果中,由大专院校和独立科研机构完成的应用技术成果共计14110项。其中,产业化应用的应用技术成果3567项,占大专院校和独立科研机构应用技术成果总量的25.28%,这一比例低于整体应用技术成果中产业化应用的占比(43.30%)。小批量或小范围应用的应用技术成果数量、试用的应用技术成果数量分别占大专院校和独立科研机构应用技术成果总量的32.56%和19.69%。未应用的应用技术成果3133项,占比为22.20%。应用后停用的应用技术成果38项,占比为0.27%(图4-15)。

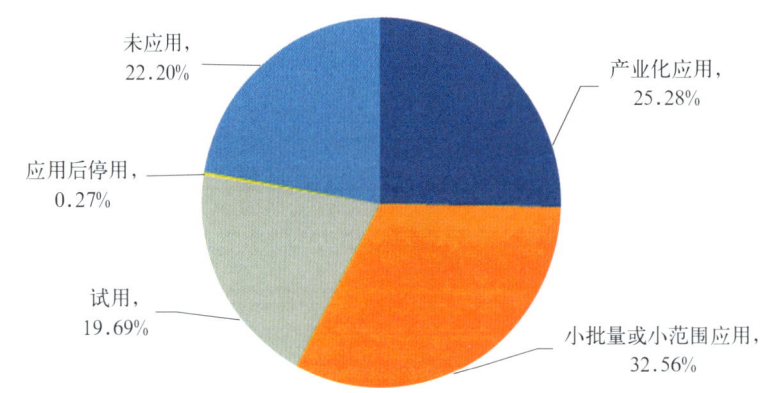

图4-15 2021年大专院校和独立科研机构应用技术成果应用状态分布

2. 转化方式

2021年,由大专院校和独立科研机构完成的财政资助应用技术成果转化的最主要方式是合作转化。除部门计划和地方计划外,在其他财政资助来源中,合作转化的比例均为最高。其中,国家科技计划合作转化的比例高达49.58%,其次是部门基金,占比为46.28%(图4-16)。

第四部分 应用技术成果转化应用情况

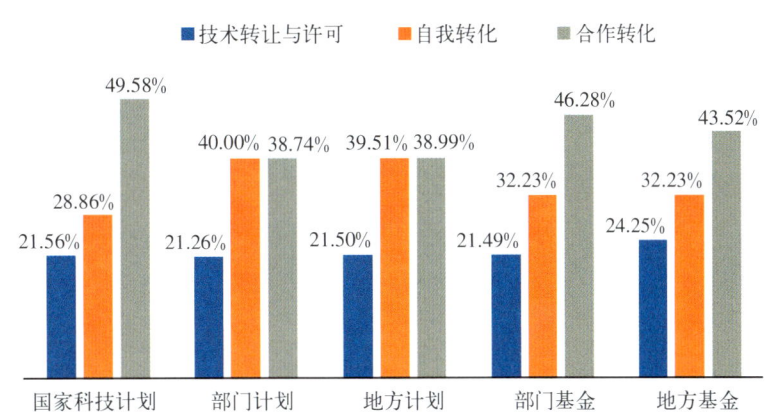

图 4-16 2021年大专院校和独立科研机构财政资助应用技术成果的转化方式

3.研发人员状态

2021年,从应用技术成果的研发人员状态看,大专院校和独立科研机构应用技术成果共有4516项反馈有效数据。其中,以项目组形式存在的比例超过九成;研发人员自主创业的比例最低,大专院校为1.25%,独立科研机构为0.77%(表4-10)。

表 4-10 2021年大专院校和独立科研机构应用技术成果研发人员状态

研发人员状态	大专院校		独立科研机构	
	成果数(项)	比例	成果数(项)	比例
项目组存在	1799	93.65%	2425	93.45%
项目组解散	46	2.39%	99	3.82%
横向兼职	52	2.71%	51	1.97%
自主创业	24	1.25%	20	0.77%
合计	1921	100.00%	2595	100.00%

4.转移转化效益

2021年,大专院校和独立科研机构完成的应用技术成果中,已实现产业化应用的应用技术成果3567项。其中,获得经济效益的应用技术成果2795项,占大专院校和独立科研机构完成的应用技术成果的19.81%。已转化成果1487项,占大专院校和独立科研机构完成的应用技术成果的10.54%。

2021年,大专院校和独立科研机构完成的2795项获得经济效益的应用技术成果中,自我转化形成的累积总收入约为2548.67亿元;合作转化收入约为2291.24亿元,其中,技术入股股权折价约为58.08亿元;技术转让与许可收入约为18.96亿元,其中,知识产权技术转让收入约为9.06亿元(表4-11)。

表 4-11 2021 年大专院校和独立科研机构应用技术成果转移转化收入情况

项目名称	合计	独立科研机构	大专院校
获得经济效益成果数(项)	2795	1650	1145
自我转化效益:收入(万元)	25486658	7738717	17747941
净利润(万元)	6222255	3406553	2815702
实交税金(万元)	1645356	368297	1277059
出口创汇(万元)	519071	76895	442176
节约资金(万元)	4752448	357594	4394854
合作转化收入(万元)	22912366	5235993	17676373
其中:技术入股股权折价(万元)	580823	40434	540389
技术转让与许可收入(万元)	189566	94297	95269
其中:知识产权技术转让收入(万元)	90574	59980	30594

5. 技术转让与许可收入

2021 年,在登记到国家科技成果库的应用技术成果中,由大专院校和独立科研机构完成的应用技术成果共 13981 项。其中,财政资助应用技术成果 8667 项,占比为 61.99%;非财政资助应用技术成果 5314 项,占比为 38.01%。

2021 年,在 8667 项财政资助应用技术成果中,已转让企业 1086 家,实现技术转让与许可收入约 15.00 亿元,平均每项应用技术成果的技术转让与许可收入为 17.31 万元(表 4-12)。

表 4-12 2021 年大专院校和独立科研机构财政资助应用技术成果应用情况

课题来源	应用技术成果(项)	已转让企业(家)	技术转让与许可收入(万元)	平均每项应用技术成果的技术转让与许可收入(万元)
国家科技计划	1950	588	93900	48.15
部门计划	795	83	12650	15.91
地方计划	5101	363	41664	8.17
部门基金	197	17	388	1.97
地方基金	624	35	1406	2.25
合计	8667	1086	150008	17.31

第四部分　应用技术成果转化应用情况

2021年，在5314项非财政资助应用技术成果中，自选课题应用技术成果数量最多，约占70%以上。非财政资助应用技术成果共转让企业346家，获得技术转让与许可收入约3.79亿元，平均每项应用技术成果的技术转让与许可收入为7.13万元（表4-13）。

表4-13　2021年大专院校和独立科研机构非财政资助应用技术成果应用情况

课题来源	应用技术成果(项)	已转让企业(家)	技术转让与许可收入(万元)	平均每项应用技术成果的技术转让与许可收入(万元)
国际合作	35	5	545	15.57
横向委托	327	30	1171	3.58
民间基金	5	0	0	0.00
自选	3812	188	32374	8.49
其他	1135	123	3773	3.32
合计	5314	346	37863	7.13

五 企业应用技术成果转移转化情况

1. 应用状态

2021年,全国登记的应用技术成果中,由企业完成的应用技术成果共计41938项。其中,产业化应用的应用技术成果22659项,占企业应用技术成果总量的54.03%,这一比例明显高于整体应用技术成果中产业化应用的占比(43.30%)。小批量或小范围应用的应用技术成果数量、试用的应用技术成果数量分别占企业应用技术成果总量的30.62%和7.28%。未应用的应用技术成果3314项,占比为7.90%。应用后停用的应用技术成果70项,占比为0.17%(图4-17)。

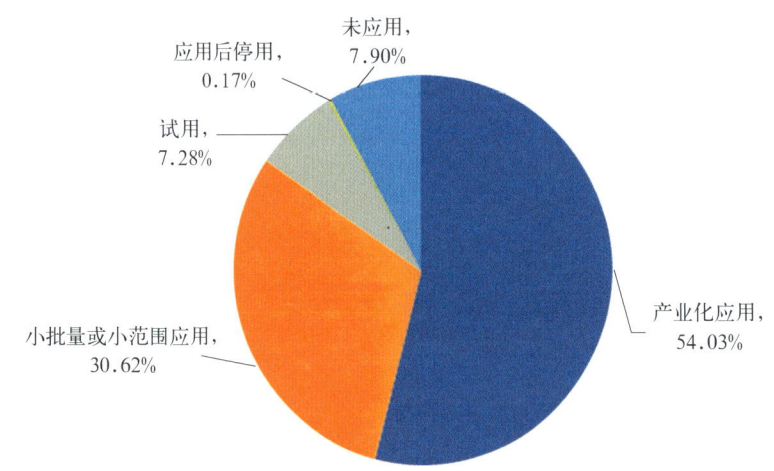

图4-17 2021年企业应用技术成果应用状态分布

2. 转化方式

2021年,由企业完成的财政资助应用技术成果转化的主要方式是自我转化,除部门基金外,其他财政资助来源的占比均超过70%。其中,地方计划的应用技术成果实现自我转化的比例高达92.44%。合作转化占比的平均值为14.35%。技术转让与许可占比的平均值最低(图4-18)。

第四部分 应用技术成果转化应用情况

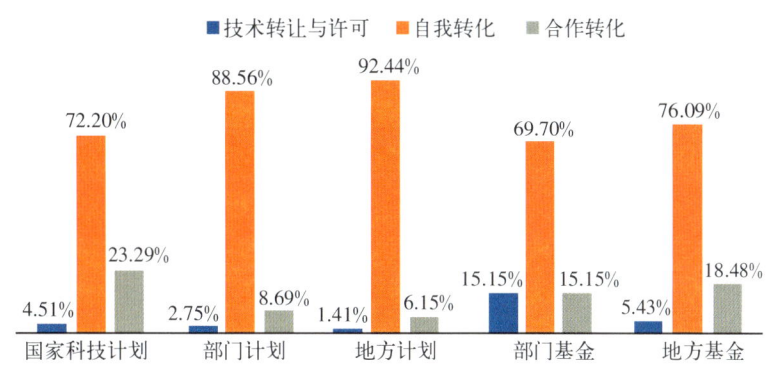

图4-18　2021年企业财政资助应用技术成果的转化方式

2021年,非财政资助的应用技术成果转化方式中,以自选课题应用技术成果的自我转化最为突出,占比高达94.60%。民间基金应用技术成果中,采用技术转让与许可方式的占比为7.32%(图4-19)。

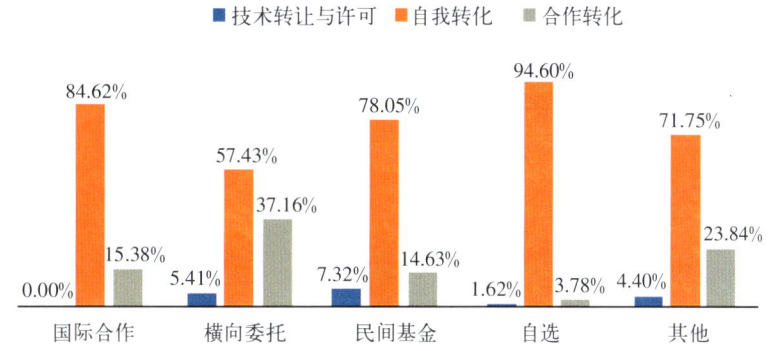

图4-19　2021年企业非财政资助应用技术成果的转化方式

3.研发人员状态

2021年,从应用技术成果的研发人员状态看,企业应用技术成果共有26871项反馈有效数据。其中,以项目组形式存在的占比为87.25%;横向兼职、项目组解散和自主创业的占比较低,占比分别为5.48%、5.22%和2.05%(表4-14)。

表4-14　2021年企业应用技术成果研发人员状态

研发人员状态	企业	
	成果数(项)	比例
项目组存在	23444	87.25%
项目组解散	1403	5.22%
横向兼职	1473	5.48%
自主创业	551	2.05%
合计	26871	100.00%

4. 转移转化效益

2021年，企业完成的应用技术成果中，获得经济效益的应用技术成果27018项，占企业完成的应用技术成果的64.42%。已转化成果17433项，占企业完成的应用技术成果的41.57%。企业完成的27018项获得经济效益的应用技术成果中，自我转化形成的累积总收入约为25683.17亿元；合作转化收入约为1427.66亿元，其中，技术入股股权折价约为14.42亿元；技术转让与许可收入约为53.53亿元，其中，知识产权技术转让收入约为16.86亿元（表4-15）。

表4-15 2021年企业应用技术成果转移转化收入情况

项目名称	企业
获得经济效益成果数（项）	27018
自我转化效益：收入（万元）	256831720
净利润（万元）	53841614
实交税金（万元）	14954285
出口创汇（万元）	7903532
节约资金（万元）	34619925
合作转化收入（万元）	14276615
其中：技术入股股权折价（万元）	144186
技术转让与许可收入（万元）	535276
其中：知识产权技术转让收入（万元）	168618

5. 技术转让与许可收入

2021年，在登记到国家科技成果库的应用技术成果中，由企业完成的应用技术成果共41930项。其中，财政资助应用技术成果8419项，占比为20.08%；非财政资助应用技术成果33511项，占比为79.92%。

2021年，在8419项财政资助应用技术成果中，已转让企业822家，实现技术转让与许可收入约17.39亿元，平均每项应用技术成果的技术转让与许可收入为20.66万元。国家科技计划和部门计划平均每项应用技术成果的技术转让与许可收入水平较高。部门基金和地方基金的技术转让与许可收入处于较低水平（表4-16）。

表 4–16 2021 年企业财政资助应用技术成果应用情况

课题来源	应用技术成果(项)	已转让企业(家)	技术转让与许可收入(万元)	平均每项应用技术成果的技术转让与许可收入(万元)
国家科技计划	672	167	113258	168.54
部门计划	1207	166	13214	10.95
地方计划	6370	489	47434	7.45
部门基金	50	0	0	0.00
地方基金	120	0	0	0.00
合计	8419	822	173906	20.66

2021 年,在 33511 项非财政资助应用技术成果中,共转让企业 1191 家,获得技术转让与许可收入约 23.44 亿元,平均每项应用技术成果的技术转让与许可收入为 6.99 万元。其中,自选课题应用技术成果数量最多,约占企业完成的非财政资助应用技术成果的 94.07%,其产业化应用也占各类课题来源的主导地位(表 4–17)。

表 4–17 2021 年企业非财政资助应用技术成果应用情况

课题来源	应用技术成果(项)	已转让企业(家)	技术转让与许可收入(万元)	平均每项应用技术成果的技术转让与许可收入(万元)
国际合作	20	0	0	0.00
横向委托	214	49	432	2.02
民间基金	57	10	240	4.21
自选	31524	1021	144254	4.58
其他	1696	111	89444	52.74
合计	33511	1191	234370	6.99

第五部分

科技成果完成单位及完成人

第五部分 科技成果完成单位及完成人

一 成果完成单位情况

1. 单位构成

企业是科技成果的主要完成单位。2021年全国登记的78655项科技成果中,成果完成单位按成果数量由多到少排序依次是企业42266项,占成果总量的53.74%;大专院校11216项,占成果总量的14.26%;独立科研机构9650项,占成果总量的12.27%;医疗机构8473项,占成果总量的10.77%(图5-1)。

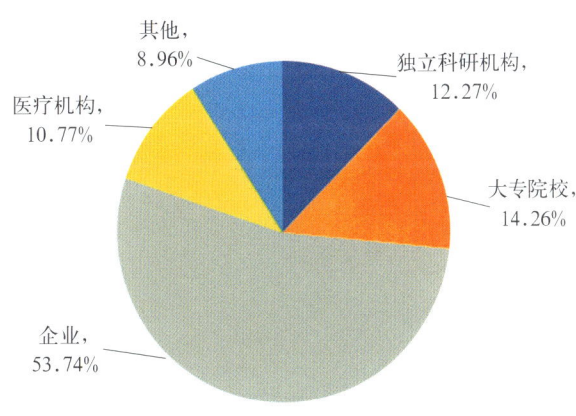

图5-1 2021年成果完成单位类型分布

2017—2021年,企业完成的登记科技成果数量从25126项增加到42266项,增长了68.22%。科技成果的完成单位类型分布情况基本稳定(表5-1)。

表5-1 2017—2021年各类成果完成单位的登记科技成果数量

完成单位类型	成果数(项)				
	2017年	2018年	2019年	2020年	2021年
独立科研机构	8708	9588	9158	9513	9650
大专院校	10621	11863	10567	11782	11216
企业	25126	28861	35511	40642	42266
医疗机构	7835	7694	7585	8391	8473
其他	7502	7714	5741	6193	7050
合计	59792	65720	68562	76521	78655

2. 各类型成果完成单位应用技术成果行业分布

2021年,各类型成果完成单位的应用技术成果所属行业中,独立科研机构侧重于农、林、牧、渔业,科学研究和技术服务业,以及制造业,占比分别为49.84%、15.59%和12.69%;大专院校侧重于农、林、牧、渔业,制造业,以及信息传输、软件和信息技术服务业,占比分别为20.70%、17.95%和12.82%;企业侧重于制造业,占比为55.00%;医疗机构以卫生和社会工作为主,占比为92.42%(表5-2)。

表 5-2　2021年各类型成果完成单位应用技术成果行业分布

应用行业	独立科研机构	大专院校	企业	医疗机构	其他
农、林、牧、渔业	49.84%	20.70%	8.38%	0.13%	19.95%
采矿业	1.28%	3.58%	2.33%	0.00%	1.41%
制造业	12.69%	17.95%	55.00%	5.63%	2.71%
电力、热力、燃气及水的生产和供应业	1.73%	4.39%	4.73%	0.00%	0.97%
建筑业	1.56%	4.10%	5.83%	0.02%	1.16%
批发和零售业	0.28%	0.17%	0.49%	0.00%	0.10%
交通运输、仓储和邮政业	1.64%	4.04%	3.01%	0.02%	2.07%
住宿和餐饮业	0.08%	0.26%	0.19%	0.03%	0.12%
信息传输、软件和信息技术服务业	4.87%	12.82%	10.73%	0.25%	5.39%
金融业	0.03%	0.30%	0.52%	0.00%	0.66%
房地产业	0.01%	0.09%	0.19%	0.02%	0.12%
租赁和商务服务业	0.01%	0.05%	0.15%	0.00%	0.16%
科学研究和技术服务业	15.59%	10.11%	2.81%	1.17%	49.97%
水利、环境和公共设施管理业	3.70%	4.45%	2.90%	0.00%	4.33%
居民服务、修理和其他服务业	0.29%	1.43%	0.50%	0.06%	0.14%
教育	0.17%	1.59%	0.27%	0.06%	0.43%
卫生和社会工作	3.80%	11.70%	1.23%	92.42%	6.71%
文化、体育和娱乐业	0.28%	1.15%	0.34%	0.05%	0.26%
公共管理、社会保障和社会组织	2.15%	1.14%	0.41%	0.14%	3.34%
国际组织	0.01%	0.00%	0.00%	0.02%	0.00%
合计	100.00%	100.00%	100.00%	100.00%	100.00%

3. 各类型成果完成单位应用技术成果高新技术领域分布

2021年,各类型成果完成单位应用技术成果的高新技术领域分布较为分散。独立科研机构应用技术成果分布领域主要为现代农业领域,占比为51.02%;大专院校应用技术成果主要分布于电子信息领域,占比为21.24%;企业应用技术成果以先进制造领域最为突出,占比达到33.96%;医疗机构应用技术成果主要集中在生物医药与医疗器械领域,占比达到96.69%(表5-3)。

表5-3　2021年各类型成果完成单位应用技术成果高新技术领域分布

高新技术领域	独立科研机构	大专院校	企业	医疗机构	其他
电子信息	9.36%	21.24%	20.38%	2.22%	20.03%
先进制造	8.31%	13.00%	33.96%	0.26%	4.81%
航空航天	1.10%	0.69%	0.57%	0.00%	0.46%
现代交通	1.31%	2.97%	2.19%	0.03%	2.27%
生物医药与医疗器械	7.47%	13.69%	6.11%	96.69%	12.77%
新材料	6.31%	10.36%	17.32%	0.35%	2.45%
新能源与节能	3.74%	7.04%	6.00%	0.10%	3.33%
环境保护	6.70%	7.62%	5.14%	0.19%	8.37%
地球、空间与海洋	4.34%	3.15%	0.90%	0.06%	14.94%
核应用技术	0.32%	0.36%	0.28%	0.06%	0.05%
现代农业	51.02%	19.88%	7.15%	0.03%	30.53%
合计	100.00%	100.00%	100.00%	100.00%	100.00%

二 成果完成人情况

2021年全国登记的科技成果共涉及完成人527016人次,比上年增长10.07%。2017—2021年,成果完成人总人次呈现波动态势,2018年有所下降,2019年实现较快增长,2021年达到5年来最高水平(图5-2)。

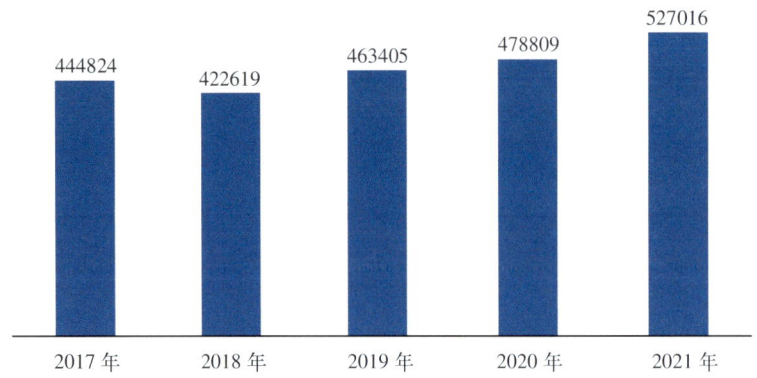

图5-2　2017—2021年成果完成人总人次

企业成果完成人是科学技术研究开发的主体。从单位类型看,2021年企业成果完成人为246225人次,占总人次的46.72%;大专院校成果完成人为80589人次,占比为15.29%;独立科研机构和医疗机构成果完成人分别为84008人次和66803人次,分别占15.94%和12.68%(图5-3)。

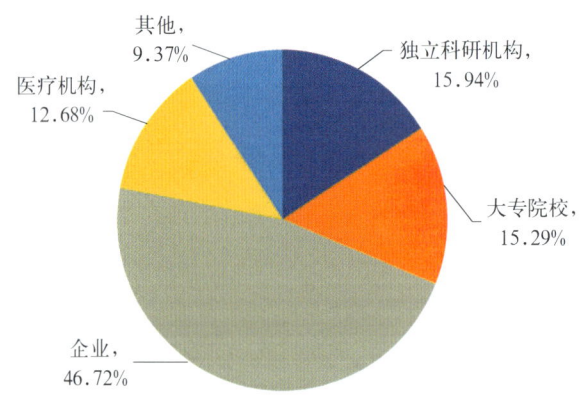

图5-3　2021年不同类型单位的成果完成人数量分布

1. 年龄结构

2021年,成果完成人中,55岁及以下的人员共计476765人次,占总人次的90.46%。其中,36~45岁的成果完成人是科技成果研发的主力军(图5-4)。

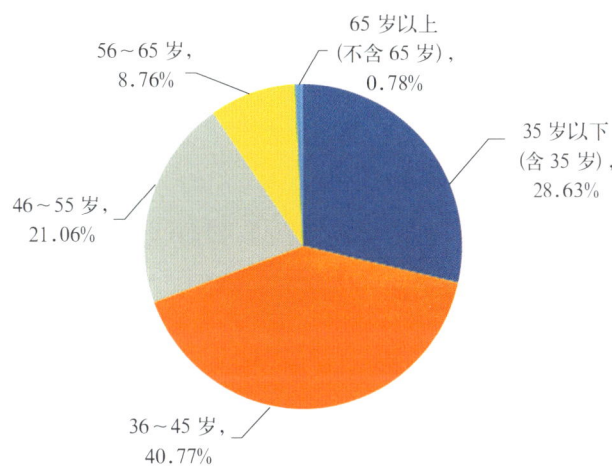

图5-4　2021年成果完成人年龄分布

2. 学历构成

2021年,成果完成人中,博士研究生为95119人次,占总人次的18.05%;硕士研究生为158065人次,占总人次的29.99%;大学本科为209863人次,占总人次的39.82%;本科以下学历人员占比不高,与上年基本持平(图5-5)。

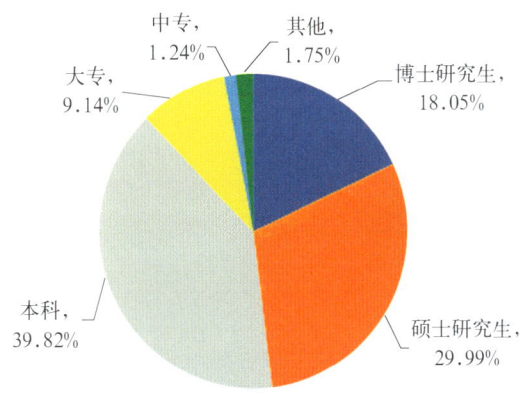

图5-5　2021年成果完成人学历分布

3. 职称构成

2017—2021年，具有正高级、副高级、中级职称的成果完成人保持较高比例。2021年，成果完成人中，具有正高级、副高级职称的人员共计215294人次（其中院士为1146人次），占总人次的40.85%；具有中级职称的人员165548人次，占总人次的31.41%。

2017—2021年，成果完成人的职称分布情况变化不大，具备正高级、副高级、中级职称的成果完成人占比略有下降，从2017年的78.65%下降到2021年的72.26%（表5-4）。

表5-4 2017—2021年成果完成人职称分布

职称	2017年	2018年	2019年	2020年	2021年
正高	18.70%	19.60%	15.23%	15.75%	15.70%
副高	25.68%	25.18%	24.83%	24.92%	25.15%
中级	34.27%	33.11%	33.49%	32.19%	31.41%
初级	10.69%	10.36%	11.16%	10.82%	10.48%
其他	10.66%	11.75%	15.29%	16.32%	17.26%

第六部分

附 录

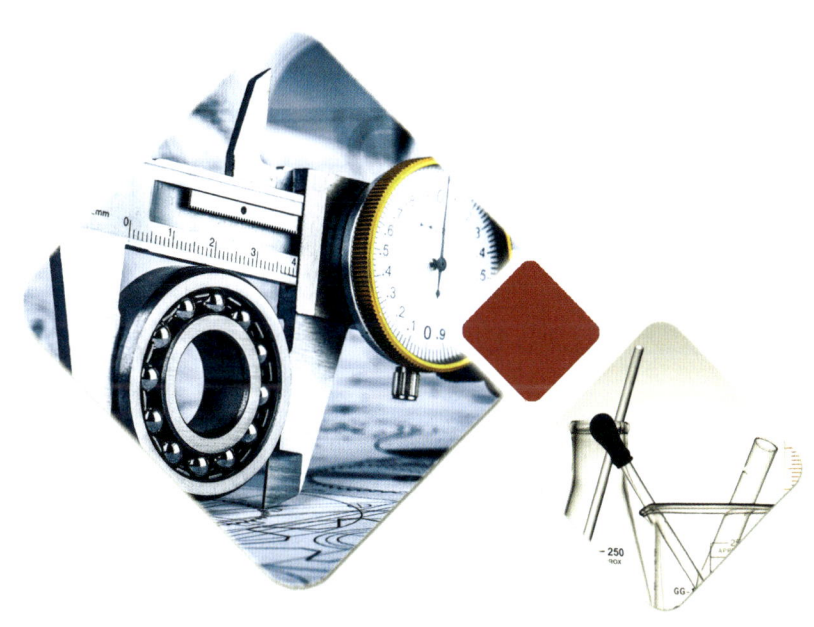

附表1　2021年全国科技成果登记汇总

	项目名称	合计	独立科研机构	大专院校	企业	其中:科研转制企业	医疗机构	其他
基本情况(项)	登记成果数	78655	9650	11216	42266	693	8473	7050
	其中:鉴定	10300	580	596	8228	131	454	442
	验收	27107	4544	5360	6186	330	5863	5154
	评审	674	160	179	70	5	90	175
	行业准入	1069	365	41	509	7	17	137
	评估	501	78	36	229	11	121	37
	机构评价	22325	1549	1067	18609	174	657	443
	结题	4017	869	2295	53	0	692	108
	知识产权授权	12662	1505	1642	8382	35	579	554
	知识产权数	132034	15899	22832	82461	2494	5376	5466
	其中:发明专利	62966	8754	15842	35390	1403	1056	1924
	实用新型专利	45275	4071	4366	33799	839	1589	1450
	外观设计专利	1848	101	151	1495	30	28	73
	软件著作权	12488	1404	1424	8483	136	238	939
	其他	9457	1569	1049	3294	86	2465	1080
	已授权专利	104641	9809	16711	73411	2151	2084	2626
	制定标准数	1026	260	108	231	10	105	322
	其中:国际标准	11	1	3	1	0	2	4
	国家标准	220	54	10	37	2	25	94
	行业标准	175	20	14	40	1	45	56
	地方标准	461	163	56	68	3	27	147
	企业标准	159	22	25	85	4	6	21
成果类型(项)	应用技术成果	68199	7520	6590	41938	668	6397	5754
	基础理论成果	8791	1723	4177	177	12	1909	805
	软科学成果	1665	407	449	151	13	167	491
课题来源(项)	国家科技计划	6028	1620	2704	684	66	626	394
	其中:国家自然科学基金	2923	772	1484	90	5	522	55
	国家科技重大专项	287	88	70	100	11	12	17
	国家重点研发计划	558	294	141	101	8	10	12
	技术创新引导计划	43	5	5	30	0	0	3
	基地和人才专项	12	5	2	2	0	2	1
	国家重点基础研究发展计划(973计划)	469	90	338	23	0	9	9
	国家高技术研究发展计划(863计划)	187	32	80	65	2	4	6

(续表)

	项目名称	合计	独立科研机构	大专院校	企业	其中:科研转制企业	医疗机构	其他
课题来源(项)	国家科技支撑计划	206	68	68	49	7	10	11
	国家重大科学研究计划	54	17	14	12	0	2	9
	星火计划	38	5	24	4	0	0	5
	火炬计划	14	2	4	8	0	0	0
	科技惠民计划	17	1	0	8	1	6	2
	国家重点新产品计划	21	4	1	16	2	0	0
	国家软科学研究计划	6	2	1	1	0	1	1
	国际科技合作专项	36	9	18	6	1	3	0
	中欧中小企业节能减排科研合作资金	0	0	0	0	0	0	0
	创新人才推进计划	1	0	0	1	1	0	0
	国家重点实验室	20	6	7	4	0	0	3
	国家科技基础条件平台	9	4	1	2	1	0	2
	国家工程技术研究中心	1	0	0	1	0	0	0
	科技型中小企业技术创新基金	22	1	2	19	0	0	0
	科研院所技术开发研究专项资金	26	15	2	8	1	1	0
	农业科技成果转化资金	8	2	5	1	0	0	0
	科技富民强县专项行动计划	1	0	0	1	0	0	0
	科技基础性工作专项	32	21	5	2	1	1	3
	国家磁约束核聚变能发展研究专项	0	0	0	0	0	0	0
	国家重大科学仪器设备开发专项	11	4	5	2	1	0	0
	国家其他科技计划	1026	173	427	128	24	43	255
	部门计划	5329	808	343	1225	29	296	2657
	地方计划	18446	3504	3871	6488	204	3178	1405
	部门基金	668	107	250	55	0	136	120
	地方基金	2853	422	1329	143	7	736	223
	民间基金	72	5	1	58	4	1	7
	国际合作	73	21	23	20	1	5	4
	横向委托	710	173	208	234	16	14	81
	自选	38004	2275	1796	31624	299	1234	1075
	其他	6472	715	691	1735	67	2247	1084

(续表)

项目名称		合计	独立科研机构	大专院校	企业	其中:科研转制企业	医疗机构	其他
项目投资额（万元）	经费实际投入额	111543520	14035939	7243879	77468093	996858	3063618	9731991
	其中:国家投入	9658573	3614469	3887744	924400	39503	49212	1182748
	部门投入	3098935	1209056	109882	1012922	19093	478824	288251
	地方投入	16956073	4725875	1676224	3225947	47017	840133	6487894
	基金投入	1316044	35042	157387	237962	1046	870069	15584
	自有资金	56100682	1546020	886827	51532720	854023	691469	1443646
	银行贷款	1074148	3081	95207	972745	0	0	3115
	国外资金	1508361	1500821	1725	4733	0	782	300
	其他	21830704	1401575	428883	19556664	36176	133129	310453
完成人文化程度（人次）	博士研究生	95119	20910	37107	19818	983	11465	5819
	硕士研究生	158065	33225	28704	54779	2589	24580	16777
	本科	209863	25016	13393	119129	2728	29031	23294
	大专	48195	3555	929	39527	346	1491	2693
	中专	6534	519	111	5361	40	128	415
	其他	9240	783	345	7611	53	108	393
完成人年龄结构（人次）	35 岁以下(含 35 岁)	150911	20413	27421	76265	1814	13925	12887
	36~45 岁	214863	36543	30143	97534	2809	30424	20219
	46~55 岁	110991	17019	14762	52563	1410	15492	11155
	56~65 岁	46159	9423	7548	17803	655	6512	4873
	65 岁以上(不含65 岁)	4092	610	715	2060	51	450	257
完成人技术职称（人次）	院士	1146	131	758	192	14	40	25
	正高	81582	16991	18830	23843	1323	14176	7742
	副高	132566	27378	20685	50169	2277	18319	16015
	中级	165548	26556	18099	79427	2103	23996	17470
	初级	55201	5571	3724	33752	512	7331	4823
	其他	90973	7381	18493	58842	510	2941	3316

附表 2 2021 年全国登记应用技术成果汇总

项目名称	合计	独立科研机构	大专院校	企业	其中:科研转制企业	医疗机构	其他
成果属性 (项)	68199	7520	6590	41938	668	6397	5754
原始性创新	51830	5980	5418	32084	484	4149	4199
国外引进消化吸收创新	2206	323	327	919	35	456	181
国内技术二次开发	14163	1217	845	8935	149	1792	1374
成果水平 (项)	68199	7520	6590	41938	668	6397	5754
国际领先	2672	281	611	1568	99	124	88
国际先进	3931	463	757	2374	75	166	171
国内领先	12133	1042	1049	8048	147	1249	745
国内先进	6713	530	592	4164	86	828	599
国内一般	2183	59	76	249	5	230	1569
未评价	40567	5145	3505	25535	256	3800	2582
成果所处阶段 (项)	68199	7520	6590	41938	668	6397	5754
初期阶段	17719	2563	2880	8826	101	2349	1101
中期阶段	9461	1307	1229	5608	110	775	542
成熟应用阶段	41019	3650	2481	27504	457	3273	4111
高新技术领域 (项)	44333	5341	4477	29245	568	3108	2162
电子信息	7914	500	951	5961	86	69	433
先进制造	11069	444	582	9931	135	8	104
航空航天	268	59	31	168	3	0	10
现代交通	893	70	133	640	14	1	49
生物医药与医疗器械	6080	399	613	1787	57	3005	276
新材料	5930	337	464	5065	91	11	53
新能源与节能	2346	200	315	1756	68	3	72
环境保护	2389	358	341	1503	55	6	181
地球、空间与海洋	961	232	141	263	13	2	323
核应用技术	117	17	16	81	7	2	1
现代农业	6366	2725	890	2090	39	1	660
成果应用行业 (项)	68199	7520	6590	41938	668	6397	5754
农、林、牧、渔业	9783	3748	1364	3515	49	8	1148
采矿业	1391	96	236	978	27	0	81
制造业	25719	954	1183	23066	254	360	156
电力、热力、燃气及水的生产和供应业	2457	130	289	1982	95	0	56
建筑业	2899	117	270	2444	52	1	67
批发和零售业	242	21	11	204	0	0	6

(续表)

项目名称	合计	独立科研机构	大专院校	企业	其中:科研转制企业	医疗机构	其他
交通运输、仓储和邮政业	1770	123	266	1261	29	1	119
住宿和餐饮业	112	6	17	80	0	2	7
信息传输、软件和信息技术服务业	6037	366	845	4500	41	16	310
金融业	277	2	20	217	0	0	38
房地产业	95	1	6	80	1	1	7
租赁和商务服务业	78	1	3	65	0	0	9
科学研究和技术服务业	5968	1172	666	1180	42	75	2875
水利、环境和公共设施管理业	2036	278	293	1216	40	0	249
居民服务、修理和其他服务业	337	22	94	209	1	4	8
教育	260	13	105	113	0	4	25
卫生和社会工作	7869	286	771	514	33	5912	386
文化、体育和娱乐业	257	21	76	142	0	3	15
公共管理、社会保障和社会组织	609	162	75	171	4	9	192
国际组织	3	1	0	1	0	1	0
成果应用情况(项)	68199	7520	6590	41938	668	6397	5754
产业化应用	29528	1932	1635	22659	361	776	2526
小批量或小范围应用	22952	2900	1694	12842	218	3883	1633
试用	7352	1414	1364	3053	55	911	610
应用后停用	119	32	6	70	1	8	3
其中:资金问题	57	23	2	28	0	3	1
技术问题	17	2	1	11	0	2	1
市场问题	20	2	2	15	0	0	1
管理问题	10	0	0	10	0	0	0
政策因素	7	1	1	4	1	1	0
未应用	8248	1242	1891	3314	33	819	982
其中:资金问题	2135	329	614	824	8	245	123
技术问题	1552	283	359	588	5	243	79
市场问题	1376	253	346	636	5	70	71
管理问题	1489	167	354	735	1	141	92
政策因素	397	117	59	140	0	31	50
已转化	19279	817	670	17433	211	113	246
成果应用效果(项)	48318	4291	4147	35895	634	1821	2164
落后技术、工艺、装备的替代	23805	1643	1311	19578	228	512	761
进口替代	2446	199	343	1841	46	20	43
填补国内空白	10248	1371	1338	6036	198	734	769
降低成本	11819	1078	1155	8440	162	555	591

(续表)

项目名称	合计	独立科研机构	大专院校	企业	其中:科研转制企业	医疗机构	其他
成果转移途径 (项)	26759	2202	1713	21085	386	825	934
协议定价	18859	1490	1248	15305	237	357	459
挂牌交易	304	48	34	140	3	14	68
技术拍卖	389	76	68	181	21	22	42
其他方式	7207	588	363	5459	125	432	365
成果转化政府支持 (项)	17506	1431	1293	13182	156	738	862
纳入政府计划	1197	173	115	720	17	52	137
进入政府采购	397	56	33	253	9	15	40
得到转化财政经费支持	2407	201	160	1868	34	92	86
享受政府税收优惠	3917	227	179	3430	40	44	37
其他方式	226	42	37	131	7	5	11
没有支持	9362	732	769	6780	49	530	551
本单位转化政策支持 (项)	28493	2411	2362	21438	360	1140	1142
设立转化机构	3796	404	417	2753	56	107	115
纳入绩效考评	10208	723	794	8087	132	278	326
与职称评定挂钩	4973	494	506	3405	63	296	272
与个人收入分配挂钩	6093	513	460	4877	92	117	126
未设立转化机构、未出台转化政策	3423	277	185	2316	17	342	303
奖励和报酬 (项)	32278	2349	1680	26082	388	1094	1073
未实施转化收益奖励和报酬	8986	1133	852	5478	119	776	747
未完全实施转化收益奖励和报酬	9974	570	349	8702	118	179	174
完全实施转化收益奖励和报酬	13318	646	479	11902	151	139	152
研发人员状态 (项)	33746	2595	1921	26871	442	1183	1176
项目组存在	29633	2425	1799	23444	397	1024	941
项目组解散	1777	99	46	1403	10	97	132
横向兼职	1708	51	52	1473	22	52	80
自主创业	628	20	24	551	13	10	23
经济效益 (项)							
获得经济效益成果数	30772	1650	1145	27018	325	446	513
自我转化效益 (万元)							
收入	292965766	7738717	17747941	256831720	5560284	1164353	9483035
净利润	64801530	3406553	2815702	53841614	747652	97551	4640110
实交税金	18235616	368297	1277059	14954285	362005	5149	1630826
出口创汇	8456746	76895	442176	7903532	44250	1502	32641
节约资金	41463938	357594	4394854	34619925	201857	97079	1994486
合作转化收入 (万元)	45208253	5235993	17676373	14276615	2414587	72119	7947153
其中:技术入股股权折价	874564	40434	540389	144186	10	11040	138515
技术转让与许可收入 (万元)	783405	94297	95269	535276	63231	8690	49873
其中:知识产权技术转让收入	272130	59980	30594	168618	42635	1514	11424

附表3 2020—2021年部门、行业协会、中央企业等登记科技成果统计

单位：项

序号	部门	总数 2020年	总数 2021年	基础理论成果 2020年	基础理论成果 2021年	应用技术成果 2020年	应用技术成果 2021年	软科学成果 2020年	软科学成果 2021年
1	工业和信息化部	9	48	0	1	9	46	0	1
2	公安部	244	286	0	0	204	233	40	53
3	自然资源部	919	1152	124	242	718	774	77	136
4	生态环境部	24	3	5	1	15	2	4	0
5	交通运输部	80	59	2	1	62	43	16	15
6	水利部	93	43	0	4	93	36	0	3
7	农业农村部	30	25	0	0	30	25	0	0
8	中国人民银行	260	263	0	0	260	243	0	20
9	国家市场监督管理总局	157	299	3	14	145	272	9	13
10	应急管理部	0	72	0	3	0	68	0	1
11	中国科学院	1136	970	667	554	436	385	33	31
12	中国地震局	30	22	9	3	21	19	0	0
13	中国气象局	139	784	1	55	138	720	0	9
14	国家粮食和物资储备局	4	15	0	2	4	13	0	0
15	国家烟草专卖局	0	57	0	0	0	57	0	0
16	中国民用航空局	109	35	0	0	109	35	0	0
17	国家中医药管理局	170	164	105	72	48	75	17	17
18	国家药品监督管理局	0	407	0	39	0	324	0	44
19	中华全国供销合作总社	4	33	0	1	4	30	0	2
20	中国机械工业联合会	45	32	0	0	45	32	0	0
21	中国轻工业联合会	103	195	0	0	103	195	0	0
22	中国有色金属工业协会	226	245	1	0	225	245	0	0
23	中国石油天然气集团有限公司	1708	1593	0	309	1393	1200	315	84
24	中国石油化工集团有限公司	189	199	0	0	189	199	0	0
25	中国电机工程学会	508	477	0	0	508	477	0	0
26	中国建筑集团有限公司	118	134	0	0	118	134	0	0
27	中国中钢集团有限公司	70	44	1	2	68	40	1	2

(续表)

序号	部门	总数		基础理论成果		应用技术成果		软科学成果	
		2020年	2021年	2020年	2021年	2020年	2021年	2020年	2021年
28	中国中化控股有限责任公司	50	38	0	0	50	37	0	1
29	亚太建设科技信息研究院	0	1	0	0	0	1	0	0
30	中科高技术企业发展评价中心	33	26	0	0	33	26	0	0
31	中国光学工程学会	0	7	0	0	0	7	0	0
32	中国节能协会	0	43	0	0	0	43	0	0
33	中国农学会	0	25	0	0	0	25	0	0
34	中华环保联合会	0	14	0	1	0	11	0	2
	合计	6458	7810	918	1304	5028	6072	512	434

附表4 2020—2021年地方登记科技成果统计

单位:项

序号	地区	地方	总数		基础理论成果		应用技术成果		软科学成果	
			2020年	2021年	2020年	2021年	2020年	2021年	2020年	2021年
1	东部地区	北京市	1049	196	140	22	826	168	83	6
2		广东省	3302	2546	854	602	2299	1779	149	165
3		上海市	1172	849	105	83	988	717	79	49
4		江苏省	859	930	151	173	708	752	0	5
5		山东省	2342	2908	447	716	1875	2131	20	61
6		天津市	1880	1972	296	329	1555	1618	29	25
7		浙江省	5444	6434	232	222	5140	6106	72	106
8		河北省	3216	2795	119	129	3002	2621	95	45
9		福建省	190	156	9	8	171	133	10	15
10		海南省	135	163	51	36	81	126	3	1
11		辽宁省	12	6	0	0	12	6	0	0
12		深圳市	335	229	9	4	323	224	3	1
13		大连市	208	180	7	10	201	168	0	2
14		青岛市	428	409	166	126	261	281	1	2
15		宁波市	865	1036	267	430	472	566	126	40
16		厦门市	314	351	30	42	283	309	1	0
17		广州市	843	927	343	321	478	586	22	20
18		济南市	176	158	15	10	160	147	1	1
		小计	22770	22245	3241	3263	18835	18438	694	544
19	中部地区	湖北省	1729	2096	54	70	1623	1983	52	43
20		安徽省	20168	17755	65	67	20031	17584	72	104
21		湖南省	532	929	2	28	495	876	35	25
22		山西省	1262	1320	117	179	1086	977	59	164
23		河南省	2524	2992	172	207	2324	2747	28	38
24		江西省	1070	1218	227	190	843	1028	0	0
25		吉林省	665	657	85	35	552	596	28	26
26		黑龙江省	1160	1864	262	625	879	1198	19	41
27		长春市	1	25	0	1	1	24	0	0
28		哈尔滨市	81	114	12	23	68	89	1	2

(续表)

序号	地区	地方	总数		基础理论成果		应用技术成果		软科学成果	
			2020年	2021年	2020年	2021年	2020年	2021年	2020年	2021年
		小计	29192	28970	996	1425	27902	27102	294	443
29	西部地区	陕西省	3050	3015	161	269	2855	2694	34	52
30		四川省	2148	2338	350	479	1750	1828	48	31
31		重庆市	1446	1485	109	27	1316	1413	21	45
32		甘肃省	2140	1618	648	456	1463	1140	29	22
33		贵州省	198	199	34	63	164	135	0	1
34		云南省	585	598	35	23	520	560	30	15
35		青海省	580	898	149	235	415	635	16	28
36		广西壮族自治区	6171	7014	594	605	5571	6402	6	7
37		内蒙古自治区	952	1062	299	304	644	748	9	10
38		宁夏回族自治区	399	628	54	166	324	442	21	20
39		新疆维吾尔自治区	353	400	81	85	261	305	11	10
40		新疆生产建设兵团	40	71	7	2	33	69	0	0
41		西藏自治区	0	7	0	0	0	7	0	0
42		西安市	39	297	2	85	27	209	10	3
		小计	18101	19630	2523	2799	15343	16587	235	244
	合计		70063	70845	6760	7487	62080	62127	1223	1231

附表5 2020—2021年全国登记科技成果课题来源分布

单位：项

课题来源	全国登记合计 2020年	全国登记合计 2021年	其中：地方登记 2020年	其中：地方登记 2021年	其中：部门登记 2020年	其中：部门登记 2021年
国家科技计划	5050	6028	3847	4452	1203	1576
其中：国家自然科学基金	2607	2923	1847	2285	760	638
国家科技重大专项	205	287	166	201	39	86
国家重点研发计划	135	558	90	260	45	298
技术创新引导计划	20	43	17	39	3	4
基地和人才专项	12	12	7	6	5	6
国家重点基础研究发展计划（973计划）	468	469	437	432	31	37
国家高技术研究发展计划（863计划）	185	187	132	147	53	40
国家科技支撑计划	307	206	231	160	76	46
国家重大科学研究计划	40	54	32	32	8	22
星火计划	16	38	16	33	0	5
火炬计划	40	14	39	12	1	2
科技惠民计划	8	17	7	17	1	0
国家重点新产品计划	15	21	13	20	2	1
国家软科学研究计划	13	6	13	5	0	1
国际科技合作专项	52	36	47	31	5	5
中欧中小企业节能减排科研合作资金	0	0	0	0	0	0
创新人才推进计划	3	1	3	1	0	0
国家重点实验室	15	20	12	15	3	5
国家科技基础条件平台	6	9	2	7	4	2
国家工程技术研究中心	3	1	1	1	2	0
科技型中小企业技术创新基金	43	22	41	19	2	3
科研院所技术开发研究专项资金	33	26	17	6	16	20
农业科技成果转化资金	18	8	17	8	1	0
科技富民强县专项行动计划	3	1	3	1	0	0
科技基础性工作专项	44	32	26	13	18	19
国家磁约束核聚变能发展研究专项	1	0	1	0	0	0
国家重大科学仪器设备开发专项	11	11	8	8	3	3
国家其他科技计划	747	1026	622	693	125	333
部门计划	5532	5329	2469	2479	3063	2850
地方计划	17842	18446	17364	17808	478	638
部门基金	593	668	524	531	69	137
地方基金	2184	2853	1995	2633	189	220
民间基金	44	72	37	66	7	6
国际合作	74	73	60	60	14	13
横向委托	738	710	552	496	186	214
自选	38573	38004	37682	36693	891	1311
其他	5891	6472	5533	5627	358	845

附表6 2021年东、中、西部地区登记科技成果课题来源比例分布

课题来源	东部地区	中部地区	西部地区
国家科技计划	8.57%	3.37%	7.99%
其中:国家自然科学基金	5.03%	1.58%	3.60%
国家科技重大专项	0.64%	0.10%	0.15%
国家重点研发计划	0.56%	0.26%	0.31%
技术创新引导计划	0.05%	0.01%	0.13%
基地和人才专项	0.01%	0.00%	0.01%
国家重点基础研究发展计划(973计划)	0.17%	0.09%	1.88%
国家高技术研究发展计划(863计划)	0.35%	0.15%	0.14%
国家科技支撑计划	0.34%	0.18%	0.17%
国家重大科学研究计划	0.04%	0.02%	0.09%
星火计划	0.04%	0.07%	0.01%
火炬计划	0.04%	0.01%	0.00%
科技惠民计划	0.04%	0.02%	0.02%
国家重点新产品计划	0.04%	0.03%	0.02%
国家软科学研究计划	0.00%	0.02%	0.01%
国际科技合作专项	0.07%	0.02%	0.04%
中欧中小企业节能减排科研合作资金	0.00%	0.00%	0.00%
创新人才推进计划	0.00%	0.00%	0.01%
国家重点实验室	0.01%	0.01%	0.04%
国家科技基础条件平台	0.01%	0.00%	0.02%
国家工程技术研究中心	0.00%	0.00%	0.01%
科技型中小企业技术创新基金	0.04%	0.01%	0.03%
科研院所技术开发研究专项资金	0.02%	0.00%	0.01%
农业科技成果转化资金	0.00%	0.01%	0.01%
科技富民强县专项行动计划	0.00%	0.00%	0.00%
科技基础性工作专项	0.04%	0.01%	0.01%
国家磁约束核聚变能发展研究专项	0.00%	0.00%	0.00%
国家重大科学仪器设备开发专项	0.02%	0.01%	0.01%
国家其他科技计划	1.01%	0.76%	1.26%
部门计划	6.22%	1.88%	2.81%
地方计划	38.80%	9.52%	32.70%
部门基金	1.11%	0.57%	0.61%
地方基金	5.17%	2.99%	3.15%
民间基金	0.08%	0.12%	0.07%
国际合作	0.12%	0.07%	0.07%
横向委托	0.96%	0.58%	0.58%
自选	24.14%	75.86%	47.61%
其他	14.84%	5.03%	4.43%
合计	100.00%	100.00%	100.00%

附表7 2021年主要经济地带登记科技成果课题来源比例分布

课题来源	京津冀地区	长三角地区	珠三角地区	东北地区
国家科技计划	7.98%	6.27%	6.19%	9.21%
其中:国家自然科学基金	5.32%	3.37%	4.00%	6.08%
国家科技重大专项	0.39%	0.80%	0.40%	0.46%
国家重点研发计划	0.97%	0.21%	0.05%	0.81%
技术创新引导计划	0.08%	0.00%	0.03%	0.03%
基地和人才专项	0.02%	0.01%	0.00%	0.00%
国家重点基础研究发展计划(973计划)	0.14%	0.15%	0.03%	0.21%
国家高技术研究发展计划(863计划)	0.38%	0.40%	0.14%	0.14%
国家科技支撑计划	0.16%	0.40%	0.30%	0.35%
国家重大科学研究计划	0.10%	0.01%	0.00%	0.00%
星火计划	0.02%	0.02%	0.00%	0.10%
火炬计划	0.00%	0.10%	0.00%	0.00%
科技惠民计划	0.00%	0.01%	0.03%	0.00%
国家重点新产品计划	0.00%	0.09%	0.03%	0.00%
国家软科学研究计划	0.00%	0.00%	0.00%	0.07%
国际科技合作专项	0.00%	0.08%	0.05%	0.11%
中欧中小企业节能减排科研合作资金	0.00%	0.00%	0.00%	0.00%
创新人才推进计划	0.00%	0.00%	0.00%	0.00%
国家重点实验室	0.00%	0.00%	0.05%	0.00%
国家科技基础条件平台	0.00%	0.01%	0.00%	0.00%
国家工程技术研究中心	0.00%	0.00%	0.00%	0.00%
科技型中小企业技术创新基金	0.00%	0.10%	0.03%	0.04%
科研院所技术开发研究专项资金	0.04%	0.02%	0.00%	0.00%
农业科技成果转化资金	0.00%	0.01%	0.00%	0.00%
科技富民强县专项行动计划	0.00%	0.00%	0.00%	0.04%
科技基础性工作专项	0.04%	0.03%	0.00%	0.00%
国家磁约束核聚变能发展研究专项	0.00%	0.00%	0.00%	0.00%
国家重大科学仪器设备开发专项	0.00%	0.03%	0.00%	0.00%
国家其他科技计划	0.32%	0.42%	1.05%	0.77%
部门计划	4.19%	8.83%	1.38%	4.43%
地方计划	11.44%	45.37%	62.61%	26.70%
部门基金	0.91%	1.54%	0.35%	0.46%
地方基金	3.32%	6.36%	1.22%	18.41%
民间基金	0.06%	0.08%	0.03%	0.00%
国际合作	0.10%	0.13%	0.05%	0.14%
横向委托	0.38%	0.66%	1.35%	1.09%
自选	18.84%	27.25%	22.85%	12.90%
其他	52.77%	3.52%	3.97%	26.67%
合计	100.00%	100.00%	100.00%	100.00%

附表 8 2020—2021 年东、中、西部地区登记高新技术成果比例分布

高新技术领域		东部地区		中部地区		西部地区	
		2020 年	2021 年	2020 年	2021 年	2020 年	2021 年
自然、生态、环境领域	生物医药与医疗器械	17.33%	16.39%	9.21%	10.99%	14.13%	15.03%
	新能源与节能	6.74%	6.25%	4.83%	3.90%	5.97%	4.73%
	环境保护	6.44%	5.71%	4.75%	4.24%	5.17%	6.02%
	地球、空间与海洋	2.91%	2.89%	0.84%	0.82%	1.72%	1.43%
	小计	33.42%	31.23%	19.63%	19.95%	26.99%	27.20%
非自然、生态、环境领域	电子信息	12.31%	10.67%	18.30%	18.82%	21.13%	23.57%
	先进制造	22.32%	25.90%	34.34%	33.15%	15.38%	14.32%
	航空航天	0.51%	0.31%	0.58%	0.68%	1.94%	0.80%
	现代交通	2.87%	2.28%	2.12%	1.72%	1.87%	1.96%
	新材料	16.94%	18.91%	14.05%	13.87%	8.68%	7.23%
	核应用技术	0.18%	0.21%	0.08%	0.08%	0.28%	0.42%
	现代农业	11.45%	10.49%	10.90%	11.74%	23.73%	24.50%
	小计	66.58%	68.77%	80.37%	80.05%	73.01%	72.80%
合计		100.00%	100.00%	100.00%	100.00%	100.00%	100.00%

附表9 2020—2021年主要经济地带登记高新技术成果比例分布

高新技术领域		京津冀地区 2020年	京津冀地区 2021年	长三角地区 2020年	长三角地区 2021年	珠三角地区 2020年	珠三角地区 2021年	东北地区 2020年	东北地区 2021年
自然、生态、环境领域	生物医药与医疗器械	17.08%	14.89%	12.12%	11.93%	19.97%	21.65%	41.93%	37.85%
	新能源与节能	8.51%	10.61%	5.77%	4.36%	9.14%	10.49%	4.41%	2.37%
	环境保护	6.81%	7.33%	5.19%	4.13%	8.30%	8.59%	3.06%	3.66%
	地球、空间与海洋	11.06%	11.37%	1.51%	1.72%	1.55%	2.22%	2.04%	2.22%
	小计	43.47%	44.20%	24.59%	22.14%	38.96%	42.96%	51.44%	46.10%
非自然、生态、环境领域	电子信息	16.96%	14.05%	8.01%	6.90%	17.41%	17.10%	5.26%	8.17%
	先进制造	8.75%	16.79%	32.31%	34.43%	14.29%	13.97%	9.68%	8.17%
	航空航天	1.16%	1.22%	0.43%	0.12%	0.40%	0.16%	0.51%	0.50%
	现代交通	8.02%	3.28%	1.68%	1.46%	2.86%	2.89%	3.06%	4.44%
	新材料	7.36%	4.27%	25.96%	27.89%	9.78%	10.21%	3.74%	7.10%
	核应用技术	0.36%	0.00%	0.17%	0.18%	0.27%	0.28%	0.25%	0.36%
	现代农业	13.92%	16.18%	6.85%	6.87%	16.03%	12.43%	26.06%	25.16%
	小计	56.53%	55.80%	75.41%	77.86%	61.04%	57.04%	48.56%	53.90%
合计		100.00%	100.00%	100.00%	100.00%	100.00%	100.00%	100.00%	100.00%

附表10 2020—2021年全国登记高新技术成果比例分布

高新技术领域		全国		地方		部门	
		2020年	2021年	2020年	2021年	2020年	2021年
自然、生态、环境领域	生物医药与医疗器械	12.61%	13.71%	12.98%	13.87%	3.73%	10.73%
	新能源与节能	6.12%	5.29%	5.71%	4.90%	15.97%	13.06%
	环境保护	5.64%	5.39%	5.39%	5.21%	11.65%	9.00%
	地球、空间与海洋	2.27%	2.17%	1.71%	1.66%	15.91%	12.08%
	小计	26.64%	26.56%	25.79%	25.64%	47.26%	44.87%
非自然、生态、环境领域	电子信息	17.09%	17.85%	17.08%	17.44%	17.21%	25.98%
	先进制造	25.45%	24.97%	25.93%	25.63%	13.72%	11.89%
	航空航天	0.92%	0.60%	0.89%	0.59%	1.77%	0.84%
	现代交通	2.36%	2.01%	2.30%	1.97%	4.02%	2.89%
	新材料	13.52%	13.38%	13.67%	13.71%	10.05%	6.72%
	核应用技术	0.24%	0.26%	0.16%	0.21%	1.95%	1.26%
	现代农业	13.78%	14.36%	14.18%	14.81%	4.02%	5.55%
	小计	73.36%	73.44%	74.21%	74.36%	52.74%	55.13%
合计		100.00%	100.00%	100.00%	100.00%	100.00%	100.00%

附表11 2021年全国登记科技成果应用情况比例分布

	成果分类	产业化应用	应用后停用	未应用	小批量或小范围应用	试用	合计
应用行业	农、林、牧、渔业	35.98%	0.34%	11.67%	38.61%	13.40%	100.00%
	采矿业	51.62%	0.22%	10.15%	27.72%	10.29%	100.00%
	制造业	58.94%	0.19%	10.05%	24.21%	6.61%	100.00%
	电力、热力、燃气及水的生产和供应业	49.20%	0.08%	8.36%	33.05%	9.31%	100.00%
	建筑业	43.70%	0.14%	6.77%	40.03%	9.36%	100.00%
	批发和零售业	52.89%	0.00%	15.70%	28.10%	3.31%	100.00%
	交通运输、仓储和邮政业	39.83%	0.17%	8.86%	38.24%	12.90%	100.00%
	住宿和餐饮业	35.71%	0.00%	28.57%	27.68%	8.04%	100.00%
	信息传输、软件和信息技术服务业	30.46%	0.07%	11.94%	42.09%	15.44%	100.00%
	金融业	63.90%	0.00%	5.77%	27.08%	3.25%	100.00%
	房地产业	35.79%	1.05%	5.26%	48.42%	9.48%	100.00%
	租赁和商务服务业	33.33%	0.00%	3.85%	50.00%	12.82%	100.00%
	科学研究和技术服务业	26.08%	0.20%	19.42%	35.62%	18.68%	100.00%
	水利、环境和公共设施管理业	35.90%	0.00%	8.86%	41.80%	13.44%	100.00%
	居民服务、修理和其他服务业	32.74%	0.00%	26.19%	34.23%	6.84%	100.00%
	教育	28.96%	0.00%	15.83%	37.84%	17.37%	100.00%
	卫生和社会工作	15.98%	0.09%	14.56%	54.30%	15.07%	100.00%
	文化、体育和娱乐业	42.58%	0.00%	25.39%	19.14%	12.89%	100.00%
	公共管理、社会保障和社会组织	25.00%	1.04%	15.00%	38.75%	20.21%	100.00%
	国际组织	33.34%	0.00%	33.33%	0.00%	33.33%	100.00%
高新技术领域	电子信息	38.74%	0.05%	8.10%	37.69%	15.42%	100.00%
	先进制造	58.65%	0.20%	9.42%	24.63%	7.10%	100.00%
	航空航天	49.44%	0.00%	9.74%	32.58%	8.24%	100.00%
	现代交通	40.00%	0.00%	7.95%	35.57%	16.48%	100.00%
	生物医药与医疗器械	29.60%	0.11%	17.49%	40.43%	12.37%	100.00%
	新材料	67.94%	0.14%	7.19%	17.72%	7.01%	100.00%
	新能源与节能	57.95%	0.13%	7.95%	24.91%	9.06%	100.00%
	环境保护	45.29%	0.17%	8.29%	34.48%	11.77%	100.00%

(续表)

	成果分类	产业化应用	应用后停用	未应用	小批量或小范围应用	试用	合计
高新技术领域	地球、空间与海洋	36.56%	0.31%	9.58%	40.11%	13.44%	100.00%
	核应用技术	39.32%	0.85%	12.82%	33.33%	13.68%	100.00%
	现代农业	36.38%	0.11%	10.01%	40.46%	13.04%	100.00%
成果完成单位类型	独立科研机构	25.69%	0.43%	16.52%	38.56%	18.80%	100.00%
	大专院校	24.81%	0.09%	28.69%	25.71%	20.70%	100.00%
	企业	54.03%	0.17%	7.90%	30.62%	7.28%	100.00%
	其中:国有企业	55.55%	0.16%	3.79%	32.57%	7.93%	100.00%
	集体企业	51.85%	0.00%	9.26%	24.07%	14.82%	100.00%
	股份合作企业	68.03%	0.00%	1.36%	23.13%	7.48%	100.00%
	联营企业	81.13%	0.00%	0.00%	15.09%	3.78%	100.00%
	有限责任公司	50.90%	0.22%	10.50%	31.51%	6.87%	100.00%
	股份有限公司	64.91%	0.02%	4.74%	24.71%	5.62%	100.00%
	私营企业	52.50%	0.11%	7.11%	31.58%	8.70%	100.00%
	个体经济	56.90%	0.00%	3.45%	33.33%	6.32%	100.00%
	港、澳、台商投资企业	90.10%	0.00%	2.97%	5.45%	1.48%	100.00%
	外商投资企业	57.29%	1.04%	5.73%	18.23%	17.71%	100.00%
	其他企业	53.18%	0.76%	5.35%	29.26%	11.45%	100.00%
	医疗机构	12.13%	0.13%	12.80%	60.70%	14.24%	100.00%
	其他	43.90%	0.05%	17.07%	28.38%	10.60%	100.00%

附表12 2021年全国登记科技成果未应用或应用后停用影响因素比例分布

	成果分类	资金问题	技术问题	市场问题	管理问题	政策因素	合计
应用行业	农、林、牧、渔业	38.96%	14.10%	20.22%	15.48%	11.24%	100.00%
	采矿业	26.27%	9.49%	20.44%	32.12%	11.68%	100.00%
	制造业	32.80%	21.72%	20.57%	21.08%	3.83%	100.00%
	电力、热力、燃气及水的生产和供应业	31.82%	24.75%	16.66%	17.68%	9.09%	100.00%
	建筑业	36.50%	16.00%	23.00%	19.50%	5.00%	100.00%
	批发和零售业	14.29%	10.72%	10.71%	60.71%	3.57%	100.00%
	交通运输、仓储和邮政业	27.08%	20.14%	37.50%	13.20%	2.08%	100.00%
	住宿和餐饮业	50.00%	10.00%	36.67%	0.00%	3.33%	100.00%
	信息传输、软件和信息技术服务业	18.84%	20.62%	27.60%	28.93%	4.01%	100.00%
	金融业	6.25%	0.00%	0.00%	93.75%	0.00%	100.00%
	房地产业	33.34%	33.33%	33.33%	0.00%	0.00%	100.00%
	租赁和商务服务业	0.00%	0.00%	0.00%	0.00%	0.00%	0.00%
	科学研究和技术服务业	24.07%	28.57%	18.92%	21.30%	7.14%	100.00%
	水利、环境和公共设施管理业	29.65%	15.11%	27.33%	23.26%	4.65%	100.00%
	居民服务、修理和其他服务业	17.91%	14.92%	50.75%	14.93%	1.49%	100.00%
	教育	47.06%	14.71%	26.47%	11.76%	0.00%	100.00%
	卫生和社会工作	34.54%	30.63%	10.40%	18.89%	5.54%	100.00%
	文化、体育和娱乐业	8.20%	4.92%	9.83%	72.13%	4.92%	100.00%
	公共管理、社会保障和社会组织	40.79%	15.79%	6.58%	30.26%	6.58%	100.00%
	国际组织	0.00%	0.00%	0.00%	0.00%	0.00%	0.00%
高新技术领域	电子信息	22.97%	25.08%	26.71%	14.82%	10.42%	100.00%
	先进制造	24.75%	20.49%	23.27%	27.23%	4.26%	100.00%
	航空航天	65.22%	17.39%	13.04%	4.35%	0.00%	100.00%
	现代交通	38.71%	14.52%	29.03%	16.13%	1.61%	100.00%
	生物医药与医疗器械	33.27%	29.80%	13.17%	17.33%	6.43%	100.00%
	新材料	39.08%	23.79%	22.33%	11.89%	2.91%	100.00%
	新能源与节能	28.11%	21.08%	14.59%	28.11%	8.11%	100.00%
	环境保护	30.00%	22.11%	29.47%	13.68%	4.74%	100.00%
	地球、空间与海洋	28.26%	26.09%	11.96%	22.82%	10.87%	100.00%
	核应用技术	12.50%	37.50%	12.50%	18.75%	18.75%	100.00%
	现代农业	39.31%	12.33%	23.03%	14.31%	11.02%	100.00%

(续表)

	成果分类	资金问题	技术问题	市场问题	管理问题	政策因素	合计
成果完成单位类型	独立科研机构	29.91%	24.21%	21.66%	14.19%	10.03%	100.00%
	大专院校	35.45%	20.71%	20.02%	20.37%	3.45%	100.00%
	企业	28.48%	20.03%	21.77%	24.91%	4.81%	100.00%
	其中:国有企业	14.41%	19.21%	25.33%	29.26%	11.79%	100.00%
	集体企业	0.00%	20.00%	60.00%	0.00%	20.00%	100.00%
	股份合作企业	50.00%	0.00%	0.00%	0.00%	50.00%	100.00%
	联营企业	0.00%	0.00%	0.00%	0.00%	0.00%	0.00%
	有限责任公司	28.32%	17.06%	22.95%	27.93%	3.74%	100.00%
	股份有限公司	30.00%	34.74%	12.63%	15.79%	6.84%	100.00%
	私营企业	36.07%	24.89%	20.09%	12.79%	6.16%	100.00%
	个体经济	16.67%	33.33%	50.00%	0.00%	0.00%	100.00%
	港、澳、台商投资企业	83.33%	0.00%	0.00%	16.67%	0.00%	100.00%
	外商投资企业	7.69%	30.77%	7.69%	53.85%	0.00%	100.00%
	其他企业	22.73%	31.82%	22.73%	13.63%	9.09%	100.00%
	医疗机构	33.69%	33.29%	9.51%	19.16%	4.35%	100.00%
	其他	29.67%	19.14%	17.22%	22.01%	11.96%	100.00%

附表13　2021年不同课题来源的科技成果应用情况比例分布

课题来源	产业化应用	应用后停用	未应用	小批量或小范围应用	试用	合计
国家科技计划	48.88%	0.03%	11.84%	29.22%	10.03%	100.00%
其中：国家自然科学基金	40.08%	0.00%	13.36%	35.49%	11.07%	100.00%
国家科技重大专项	65.91%	0.00%	9.09%	17.05%	7.95%	100.00%
国家重点研发计划	41.50%	0.00%	7.31%	35.77%	15.42%	100.00%
技术创新引导计划	48.78%	0.00%	4.88%	41.46%	4.88%	100.00%
基地和人才专项	16.67%	0.00%	16.67%	33.33%	33.33%	100.00%
国家重点基础研究发展计划(973计划)	32.45%	0.00%	25.17%	31.79%	10.60%	100.00%
国家高技术研究发展计划(863计划)	73.81%	0.00%	8.33%	13.69%	4.17%	100.00%
国家科技支撑计划	73.54%	0.00%	2.65%	16.93%	6.88%	100.00%
国家重大科学研究计划	48.57%	0.00%	5.72%	40.00%	5.71%	100.00%
星火计划	29.73%	0.00%	51.35%	13.51%	5.41%	100.00%
火炬计划	100.00%	0.00%	0.00%	0.00%	0.00%	100.00%
科技惠民计划	29.41%	0.00%	17.65%	52.94%	0.00%	100.00%
国家重点新产品计划	76.19%	0.00%	0.00%	23.81%	0.00%	100.00%
国家软科学研究计划	0.00%	0.00%	0.00%	100.00%	0.00%	100.00%
国际科技合作专项	45.46%	0.00%	18.18%	24.24%	12.12%	100.00%
中欧中小企业节能减排科研合作资金	0.00%	0.00%	0.00%	0.00%	0.00%	0.00%
创新人才推进计划	0.00%	0.00%	0.00%	0.00%	0.00%	0.00%
国家重点实验室	25.00%	0.00%	33.33%	41.67%	0.00%	100.00%
国家科技基础条件平台	83.33%	0.00%	0.00%	16.67%	0.00%	100.00%
国家工程技术研究中心	100.00%	0.00%	0.00%	0.00%	0.00%	100.00%
科技型中小企业技术创新基金	68.18%	0.00%	0.00%	27.27%	4.55%	100.00%
科研院所技术开发研究专项资金	33.33%	0.00%	4.17%	45.83%	16.67%	100.00%
农业科技成果转化资金	87.50%	0.00%	0.00%	12.50%	0.00%	100.00%
科技富民强县专项行动计划	100.00%	0.00%	0.00%	0.00%	0.00%	100.00%
科技基础性工作专项	36.36%	0.00%	13.64%	27.27%	22.73%	100.00%
国家磁约束核聚变能发展研究专项	0.00%	0.00%	0.00%	0.00%	0.00%	0.00%
国家重大科学仪器设备开发专项	54.55%	0.00%	0.00%	45.45%	0.00%	100.00%
国家其他科技计划	56.45%	0.00%	14.04%	22.92%	6.59%	100.00%
部门计划	48.10%	0.07%	6.18%	33.69%	11.96%	100.00%
地方计划	41.67%	0.28%	11.56%	32.85%	13.64%	100.00%
部门基金	23.88%	0.25%	17.41%	35.82%	22.64%	100.00%
地方基金	15.75%	0.00%	31.03%	35.61%	17.61%	100.00%
国际合作	35.00%	0.00%	13.34%	33.33%	18.33%	100.00%
横向委托	47.10%	0.00%	8.13%	32.17%	12.60%	100.00%
民间基金	52.94%	0.00%	4.41%	38.24%	4.41%	100.00%
自选	43.95%	0.19%	11.96%	34.77%	9.13%	100.00%
其他	36.22%	0.09%	6.64%	42.27%	14.77%	100.00%

附表14 2021年不同课题来源的科技成果未应用或应用后停用影响因素比例分布

课题来源	资金问题	技术问题	市场问题	管理问题	政策因素	合计
国家科技计划	27.05%	22.80%	31.31%	12.46%	6.38%	100.00%
其中:国家自然科学基金	27.48%	32.82%	29.01%	8.40%	2.29%	100.00%
国家科技重大专项	18.75%	43.75%	0.00%	25.00%	12.50%	100.00%
国家重点研发计划	35.14%	13.51%	21.62%	24.32%	5.41%	100.00%
技术创新引导计划	0.00%	0.00%	50.00%	50.00%	0.00%	100.00%
基地和人才专项	100.00%	0.00%	0.00%	0.00%	0.00%	100.00%
国家重点基础研究发展计划(973计划)	31.58%	10.53%	47.37%	5.26%	5.26%	100.00%
国家高技术研究发展计划(863计划)	0.00%	21.43%	71.43%	7.14%	0.00%	100.00%
国家科技支撑计划	0.00%	0.00%	20.00%	20.00%	60.00%	100.00%
国家重大科学研究计划	0.00%	50.00%	0.00%	0.00%	50.00%	100.00%
星火计划	0.00%	0.00%	0.00%	0.00%	100.00%	100.00%
火炬计划	0.00%	0.00%	0.00%	0.00%	0.00%	0.00%
科技惠民计划	100.00%	0.00%	0.00%	0.00%	0.00%	100.00%
国家重点新产品计划	0.00%	0.00%	0.00%	0.00%	0.00%	0.00%
国家软科学研究计划	0.00%	0.00%	0.00%	0.00%	0.00%	0.00%
国际科技合作专项	100.00%	0.00%	0.00%	0.00%	0.00%	100.00%
中欧中小企业节能减排科研合作资金	0.00%	0.00%	0.00%	0.00%	0.00%	0.00%
创新人才推进计划	0.00%	0.00%	0.00%	0.00%	100.00%	100.00%
国家重点实验室	100.00%	0.00%	0.00%	0.00%	0.00%	100.00%
国家科技基础条件平台	0.00%	0.00%	0.00%	0.00%	0.00%	0.00%
国家工程技术研究中心	0.00%	0.00%	0.00%	0.00%	0.00%	0.00%
科技型中小企业技术创新基金	0.00%	0.00%	0.00%	0.00%	0.00%	0.00%
科研院所技术开发研究专项资金	0.00%	100.00%	0.00%	0.00%	0.00%	100.00%
农业科技成果转化资金	0.00%	0.00%	0.00%	0.00%	0.00%	0.00%
科技富民强县专项行动计划	0.00%	0.00%	0.00%	0.00%	0.00%	0.00%
科技基础性工作专项	0.00%	0.00%	0.00%	66.67%	33.33%	100.00%
国家磁约束核聚变能发展研究专项	0.00%	0.00%	0.00%	0.00%	0.00%	0.00%
国家重大科学仪器设备开发专项	0.00%	0.00%	0.00%	0.00%	0.00%	0.00%
国家其他科技计划	14.90%	14.89%	55.32%	6.38%	8.51%	100.00%
部门计划	22.56%	20.73%	19.51%	23.17%	14.03%	100.00%
地方计划	30.85%	28.81%	17.11%	14.79%	8.44%	100.00%
部门基金	15.39%	32.31%	26.15%	15.38%	10.77%	100.00%
地方基金	22.68%	40.20%	12.63%	19.59%	4.90%	100.00%
国际合作	12.50%	12.50%	12.50%	50.00%	12.50%	100.00%
横向委托	12.50%	12.50%	22.92%	31.25%	20.83%	100.00%
民间基金	66.67%	33.33%	0.00%	0.00%	0.00%	100.00%
自选	33.01%	17.73%	21.34%	24.13%	3.79%	100.00%
其他	31.06%	18.09%	11.94%	27.65%	11.26%	100.00%

附表15 2021年不同课题来源的科技成果转化方式比例分布

课题来源	技术转让与许可	自我转化	合作转化	合计
国家科技计划	15.96%	43.72%	40.32%	100.00%
其中:国家自然科学基金	17.88%	31.13%	50.99%	100.00%
国家科技重大专项	12.24%	49.49%	38.27%	100.00%
国家重点研发计划	15.90%	43.11%	40.99%	100.00%
技术创新引导计划	15.39%	65.38%	19.23%	100.00%
基地和人才专项	0.00%	0.00%	0.00%	0.00%
国家重点基础研究发展计划(973计划)	15.56%	62.22%	22.22%	100.00%
国家高技术研究发展计划(863计划)	15.94%	53.62%	30.44%	100.00%
国家科技支撑计划	18.30%	30.07%	51.63%	100.00%
国家重大科学研究计划	13.64%	54.54%	31.82%	100.00%
星火计划	61.54%	23.08%	15.38%	100.00%
火炬计划	0.00%	53.85%	46.15%	100.00%
科技惠民计划	0.00%	50.00%	50.00%	100.00%
国家重点新产品计划	5.88%	76.47%	17.65%	100.00%
国家软科学研究计划	0.00%	100.00%	0.00%	100.00%
国际科技合作专项	20.00%	50.00%	30.00%	100.00%
中欧中小企业节能减排科研合作资金	0.00%	0.00%	0.00%	0.00%
创新人才推进计划	0.00%	0.00%	0.00%	0.00%
国家重点实验室	37.50%	50.00%	12.50%	100.00%
国家科技基础条件平台	20.00%	20.00%	60.00%	100.00%
国家工程技术研究中心	0.00%	100.00%	0.00%	100.00%
科技型中小企业技术创新基金	13.64%	68.18%	18.18%	100.00%
科研院所技术开发研究专项资金	6.67%	53.33%	40.00%	100.00%
农业科技成果转化资金	16.67%	0.00%	83.33%	100.00%
科技富民强县专项行动计划	0.00%	0.00%	0.00%	0.00%
科技基础性工作专项	7.69%	76.92%	15.39%	100.00%
国家磁约束核聚变能发展研究专项	0.00%	0.00%	0.00%	0.00%
国家重大科学仪器设备开发专项	14.28%	14.29%	71.43%	100.00%
国家其他科技计划	11.17%	57.28%	31.55%	100.00%
部门计划	8.27%	71.10%	20.64%	100.00%
地方计划	7.70%	75.30%	17.00%	100.00%
部门基金	16.27%	51.19%	32.54%	100.00%
地方基金	18.17%	52.39%	29.44%	100.00%
国际合作	8.82%	50.00%	41.18%	100.00%
横向委托	11.52%	40.45%	48.03%	100.00%
民间基金	8.51%	72.34%	19.15%	100.00%
自选	3.17%	91.88%	4.95%	100.00%
其他	9.89%	66.68%	23.43%	100.00%

附表16 2021年不同课题来源的科技成果技术转让情况

课题来源	应用技术成果（项）	技术转让与许可收入（万元）	已转让企业（家）	平均每项科技成果的技术转让与许可收入（万元）
国家科技计划	3052	211486	856	69.29
其中:国家自然科学基金	1008	65562	413	65.04
国家科技重大专项	265	99540	91	375.62
国家重点研发计划	507	9034	38	17.82
技术创新引导计划	41	778	2	18.98
基地和人才专项	6	0	0	0.00
国家重点基础研究发展计划（973计划）	156	20	11	0.13
国家高技术研究发展计划（863计划）	169	22674	79	134.17
国家科技支撑计划	190	7985	98	42.03
国家重大科学研究计划	35	50	1	1.43
星火计划	37	0	0	0.00
火炬计划	13	0	0	0.00
科技惠民计划	17	0	0	0.00
国家重点新产品计划	21	0	0	0.00
国家软科学研究计划	1	0	0	0.00
国际科技合作专项	33	20	3	0.61
中欧中小企业节能减排科研合作资金	0	0	0	0.00
创新人才推进计划	1	0	0	0.00
国家重点实验室	14	0	10	0.00
国家科技基础条件平台	7	0	0	0.00
国家工程技术研究中心	1	0	0	0.00
科技型中小企业技术创新基金	22	2700	4	122.73
科研院所技术开发研究专项资金	24	16	5	0.67
农业科技成果转化资金	8	0	1	0.00
科技富民强县专项行动计划	1	0	0	0.00
科技基础性工作专项	22	100	5	4.55
国家磁约束核聚变能发展研究专项	0	0	0	0.00
国家重大科学仪器设备开发专项	11	10	1	0.91
国家其他科技计划	442	2997	94	6.78
部门计划	2823	26040	280	9.22
地方计划	14770	99491	1107	6.74
部门基金	426	406	19	0.95
地方基金	1304	14817	55	11.36
国际合作	60	545	5	9.08
横向委托	610	29762	98	48.79
民间基金	68	240	15	3.53
自选	37390	178009	1427	4.76
其他	6003	93584	300	15.59
合计／平均	66506	654380	4162	9.84

第六部分 附 录

统计说明

1. 本年度报告数据来源于全国31个省(区、市)和新疆生产建设兵团、5个计划单列市，以及33个国务院有关部门、行业协会、中央企业的科技成果管理部门和机构。

2. 经济领域：农、林、牧、渔业，采矿业，制造业，电力、热力、燃气及水的生产和供应业，建筑业，交通运输、仓储和邮政业，信息传输、软件和信息技术服务业，批发和零售业，住宿和餐饮业，金融业，房地产业，租赁和商务服务业。

3. 社会领域：科学研究和技术服务业，水利、环境和公共设施管理业，居民服务、修理和其他服务业，教育，卫生和社会工作，文化、体育和娱乐业，公共管理、社会保障和社会组织，国际组织。

4. 三大产业：第一产业包括农、林、牧、渔业；第二产业包括采矿业，制造业，电力、热力、燃气及水的生产和供应业，建筑业；第一、第二产业之外的其他行业为第三产业。

5. 东部地区：北京市、天津市、河北省、辽宁省、大连市、上海市、江苏省、浙江省、杭州市、宁波市、福建省、厦门市、山东省、济南市、青岛市、广东省、广州市、深圳市、海南省。

6. 中部地区：山西省、吉林省、长春市、黑龙江省、哈尔滨市、安徽省、江西省、河南省、湖北省、湖南省。

7. 西部地区：重庆市、四川省、贵州省、云南省、广西壮族自治区、西藏自治区、陕西省、西安市、甘肃省、青海省、宁夏回族自治区、内蒙古自治区、新疆维吾尔自治区、新疆生产建设兵团。

8. 主要经济地带：东北地区包括黑龙江省、哈尔滨市、吉林省、长春市、辽宁省、大连市；京津冀地区包括北京市、天津市、河北省；长三角地区包括上海市、江苏省、南京市、浙江省、杭州市、宁波市；珠三角地区包括广东省、广州市、深圳市。

9. 登记科技成果：符合《科技成果登记办法》中规定的登记条件，经省(部)级科技成果管理部门审查、登记的科技成果，包括国家科技计划项目、研究主体自发项目。

10. 科技成果的经费投入：科技成果登记前科研项目所投入的研究、开发、推广、应用等实际资金。

11. 高新技术领域：依照《中国高新技术产品目录》进行分类。

12. 行业：依照《国民经济行业分类》(GB/T 4754—2017)进行分类。

13. 国家科技计划：国家自然科学基金、国家科技重大专项、国家重点研发计划、技术创新引导计划、基地和人才专项、国家重点基础研究发展计划(973计划)、国家高技术研究发展计划(863计划)、国家科技支撑计划、国家重大科学研究计划、星火计划、火炬计划、科技惠民计划、国家重点新产品计划、国家软科学研究计划、国际科技合作专项、中欧中小企业节能减排科研合作资金、创新人才推进计划、国家重点实验室、国家科技基础条件平台、国家工程技术研究中心、科技型中小企业技术创新基金、科研院所技术开发研究专项资金、农业科技成果转化资金、科技富民强县专项行动计划、科技基础性工作专项、国家磁约束核聚变能发展研究专项、国家重大科学仪器设备开发专项、国家其他科技计划等。

14.**部门计划**：列入国务院有关部门的科技计划。

15.**地方计划**：列入省、自治区、直辖市、计划单列市、副省级城市的科技计划。

16.**部门基金**：国务院各有关部门的自然科学基金等。

17.**地方基金**：地方自然科学基金、青年基金、风险基金、智力引进基金等。